新型农民学历教育系列教材

果树病虫害防治

主　编

曹克强

副主编

王勤英　朱杰华

编　委

（按姓氏笔画排列）

王树桐　王海燕　王勤英

朱杰华　齐慧霞　刘　顺

杨向东　杨军玉　杨志辉

宋　萍　张立荣　陆秀君

孟庆芳　赵春明　胡同乐

南宫自艳　秦秋菊　袁丽娜

耿　硕　曹克强

审　稿

侯保林

金盾出版社

内 容 提 要

本书是“新型农民学历教育系列教材”的一个分册。内容包括：植物病害基础知识，害虫基础知识，苹果病虫害及防治，梨病虫害及防治，桃病虫害及防治，葡萄病虫害及防治以及其他果树病虫害及防治。本书可作为农民大学专科学历教育教材和农村干部培训教材，亦可供广大农民与相关专业师生自学使用。

图书在版编目(CIP)数据

果树病虫害防治/曹克强主编．—北京：金盾出版社，2009.3（2019.2重印）
（新型农民学历教育系列教材）
ISBN 978-7-5082-5532-3

Ⅰ．果…　Ⅱ．曹…　Ⅲ．果树—病虫害防治方法—教材　Ⅳ．S436.6

中国版本图书馆CIP数据核字(2009)第013703号

金盾出版社出版、总发行
北京太平路5号(地铁万寿路站往南)
邮政编码：100036　电话：68214039　83219215
传真：68276683　网址：www.jdcbs.cn
北京军迪印刷有限责任公司印刷、装订
各地新华书店经销
开本：850×1168 1/32　印张：8.25　字数：210千字
2019年2月第1版第10次印刷
印数：59001～62000册　定价：25.00元

序　　言

新世纪新阶段，党中央、国务院描绘出了建设社会主义新农村的宏伟蓝图，这是落实科学发展观，构建和谐社会，全面建设小康社会的伟大战略部署，也为我们高等农林院校提供了广阔的用武之地。以科技、人才、技术为支撑，全面推进社会主义新农村建设的进程是我们肩负的神圣历史使命，责无旁贷。

我国是一个农业大国，全国64%的人口在农村，据统计，现有农村劳动力中，平均每百个劳动力，文盲和半文盲占8.96%，小学文化程度占33.65%，初中文化程度占46.05%，高中文化程度占9.38%，中专程度占1.57%，大专及以上文化程度占0.40%；而接受高等农业教育的只有0.01%，接受农业中等专业教育的有0.03%，接受过农业技术培训的有15%。农村劳动力的科技、文化素质低下，严重地制约了农业新技术、新成果的推广转化，延缓了农业产业化和产业结构调整的步伐，进而影响了建设社会主义新农村的进程。国家强盛基于国民素质的提高，国民素质的提高源于教育事业的发达，解决农民素质较低、农业科技人才缺乏的问题是当前教育事业发展、人才培养的一项重要工作。农村全面实现小康社会，迫切需要在政策和资金等方面给予倾斜的同时，还特别需要一批定位农村、献身农业并接受过高等农业教育的高素质人才。

我国现有的高等教育（包括高等农业教育）培养的高级专门人才很难直接通往农村。如何为农村培养一批回得去、留得住、用得上的实用人才，是我一直在思考的问题。经过反复论证，认真分析，我校提出了实施“一村一名大学生工程”的设想，经教育部、河北省教育厅批准，2003年我校开始着手实施“一村一名大学生工程”，培养来自农村、定位农村，懂农业科技、了解市场，为农村和农业经济直接服务、带领农民致富的具有创新创业精神的实用型技术人才。

实施“一村一名大学生工程”是高等学校直接为农村培养高素质带头人的特殊尝试。由于人才培养目标的特殊指向性，在专业选择、课程设置、教材配备等方面必然要有很强的针对性。经过几年的教学探索，在总结教学经验的基础上，2006 年我校组织专家教授为“一村一名大学生工程”相关专业编写了六部适用教材。第二期十八部教材以“新型农民学历教育系列教材”冠名出版，它们是《实用畜禽繁殖技术》、《畜禽营养与饲料》、《实用毛皮动物养殖技术》、《实用家兔养殖技术》、《家畜普通疾病防治》、《设施果树栽培》、《果树苗木繁育》、《果树病虫害防治》、《蔬菜病虫害防治》、《现代蔬菜育苗》、《园艺设施建造与环境调控》、《蔬菜育种与制种》、《农村土地管理政策与实务》、《农村环境保护》、《农村事务管理》、《农村财务管理》、《农村政策与法规》和《实用信息检索与利用》。

本套教材坚持“基础理论必要够用，使用语言通俗易懂，强化实践操作技能，理论密切联系实际”的编写原则。它既适合“一村一名大学生工程”两年制专科学生使用，也可作为新时期农村干部和大学生林业培训教材，同时又可作为农村管理人员、技术人员及种养大户的重要参考资料。

该套教材的出版，将更加有利于增强“一村一名大学生工程”教学工作的针对性，有利于学生掌握实用科学知识，进一步提高自身的科技素质和实践能力，相信对“一村一名大学生工程”的健康发展以及新型农民的培养大有裨益。

河北农业大学校长 王志刚

2008 年 9 月

前　言

近年来，我国果品生产发展很快。到2006年为止，我国苹果、梨、桃、葡萄四种果树的种植面积分别已达190万公顷、108万公顷、67万公顷和42万公顷，产量分别达2 605万吨、1 198万吨、821万吨和627万吨。无论是种植面积还是总产量均居世界之首。河北省又是我国果品生产的大省，2006年的苹果、梨、桃和葡萄的种植面积分别达25.2万公顷、20.5万公顷、9.4万公顷和5.8万公顷。苹果位于陕西、山东之后，排在第三位，梨在全国排第一位，桃和葡萄分别仅次于山东和新疆，排在第二位。其他果品如河北省沧州的金丝小枣、迁西的板栗、满城的草莓享誉全国，是河北省重要的出口创汇产品。在全面建设小康社会的历程中，果品生产对农民的脱贫致富发挥着重要作用。果树病虫害一直是果品生产的重要限制性因素，尤其是近些年，随着气候的变暖，多种病虫害都有加重的趋势。老的病害如腐烂病、轮纹病等尚未解决，一些新的害虫如苹果绵蚜、盲椿象等不断滋生，加上目前果农管理水平普遍低下，使我国果品生产依然处于非常低的水平。以苹果为例，全国目前的平均产量不足1吨/667m^2，低于世界平均水平，仅是欧美一些国家的1/3。

在病虫害防治的过程中，农药的过度使用，已对生态环境和果品质量构成严重威胁，农药残留超标的果品被限制出口以及因农药使用不当导致人、畜中毒的事件时有发生。因此，做好果树病虫害的防治工作，关系到食品的安全和社会的稳定。

本教材立足于河北省，面向北方果树产区。书中提供了有关果树病虫害的基本知识，提供了苹果、梨、桃、葡萄、枣、柿子、核桃、板栗和草莓上的重要病虫害症状、病原和害虫的形态特征、发生规律及防治措施等内容。力求以精练的语言，提供给学生必备的基础知识和实用的防治技术。教材的编写得到河北农业大学教务处的大力支持，植物保护学院的侯保林教授提出了很多有益的建议，植物保护学院的任红敏博士和刘丽女士在书稿编辑整理过程中做了大量工作，在此一并表示衷心地感谢！

《果树病虫害防治》编委会

目　录

第一章　植物病害基础知识

第一节　植物病害的概念及症状

一、植物病害的概念

植物在生长发育过程中,由于遭受其他生物的侵染或不适宜环境条件的影响,生长发育受到显著的阻碍,出现产量降低、品质变劣,甚至死亡的现象,称为植物病害。植物病害主要由生物因素和非生物因素引起。引起病害的生物称为病原物,由病原物引起的病害又称为侵染性病害,由不良环境造成的病害称为非侵染性病害或生理性病害。

植物感病后,外表的不正常表现称为症状。植物病害的症状分为病状和病征。其中植物本身的不正常表现称为病状;在病部出现的一些病原物的结构(营养体和繁殖体)称为病征。植物病害都有病状,而病征只有在由真菌、细菌和寄生性种子植物所引起的病害上表现得比较明显;病毒、类菌原体和类病毒引起的病害无病征表现;植物病原线虫主要在植物体内寄生,一般情况下,植物体外无病征。非传染性病害不表现病征。各种植物病害的症状均有一定的特点,有相对的稳定性,这是诊断病害的重要依据。

二、植物病害病状类型

(一)变　色

植物生病后,叶绿素被破坏或形成受抑制,出现不正常的颜色,称为变色。常见的有褪绿、黄化、花叶等几种类型。例如,苹果黄叶病、苹果花叶病等。

(二)坏死和腐烂

坏死和腐烂是植物发病后细胞组织死亡所致。根、茎、叶、花、果实等都能发生坏死,多肉且幼嫩的组织发病后容易腐烂。坏死在叶片上的表现有叶斑和叶枯两种类型。叶斑有圆斑、角斑、条斑、环斑和轮纹斑等。茎部的坏死也形成病斑,在树木枝干上则形成干腐和溃疡。果实坏死可形成果腐、锈斑等;花部坏死则形成花腐;根部坏死形成根腐。幼苗茎基部或根部组织坏死可以造成猝倒或立枯的病状。水分含量较多的组织坏死后,往往形成湿腐或软腐;质地坚硬且水分含量较少的组织则形成干腐。例如,苹果轮纹病、苹果树腐烂病和桃褐腐病等。

(三)萎　蔫

典型的萎蔫是指植物根部或茎部的维管束组织受感染而产生的萎蔫现象。这种现象一般不能恢复。萎蔫可表现为全株性或局部性。根部或主茎的维管束组织受到破坏,可引起全株性萎蔫;侧枝或叶柄的维管束组织受到侵染则单个枝条或叶片萎蔫。例如,苹果圆斑根腐病和白绢病,都可造成树体的地上部萎蔫。

(四) 畸　形

植物患病后，可以引起细胞组织生长过度或不足，成为畸形。具体表现为徒长、矮化、丛生、卷叶、缩叶、皱叶、缩果、缩顶、肿瘤和发根等。例如，苹果小叶病、枣疯病、桃缩叶病和果树根癌病等。

三、病征类型

病原真菌可在病部产生各种颜色的霉层（如葡萄霜霉病、苹果青霉病、绿霉病等）、粉状物（如苹果白粉病和葡萄白粉病）、锈状物（如枣锈病、桃褐锈病）、黑点状物（如梨轮纹病、苹果褐斑病、炭疽病）、线状物（如梨锈病、苹果紫纹羽病）和脓状物（如梨锈水病）等。

第二节　引起植物病害的有害生物因素

一、植物病原真菌

已经记载的植物病原真菌超过 8 000 种，在果树病害中，多数传染性病害是由真菌寄生引起的。例如，苹果树腐烂病、炭疽病、梨黑星病、轮纹病、葡萄炭疽病、白腐病、枣锈病和柿圆斑病等。

(一)真菌的营养体

真菌进行营养生长的菌体称为营养体，典型的营养体是极细小、多分枝的丝状体，称为菌丝（图 1-1）。菌丝通常呈圆管状，直径一般为 5～6μm。细胞壁无色透明，细胞壁的主要成分为几丁质或纤维素。有些真菌的细胞质中含有各种色素，使菌丝呈现不同的颜色，但这些色素不能进行光合作用。高等真菌的菌丝有隔膜，将菌丝分隔成多个细胞。低等真菌的菌丝一般无隔膜，通常认为是一个多核的大细胞。真菌以菌丝体侵入寄主的表皮细胞和内部来吸收养分。

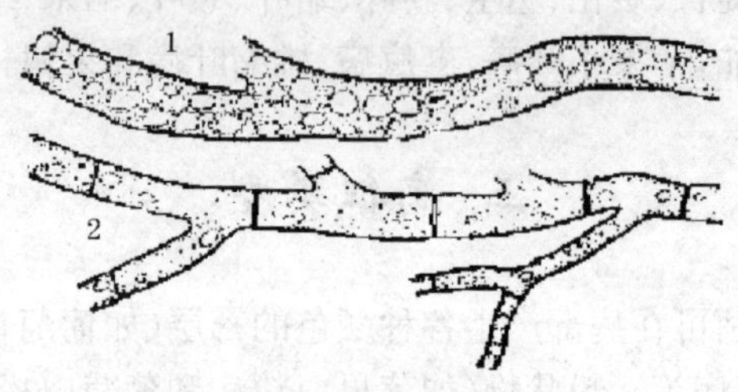

图 1-1 真菌菌丝形态

1. 无隔菌丝 2. 有隔菌丝

真菌的菌丝体一般是分散的。但许多真菌的菌丝有时可以疏松或密集地交织在一起，形成核状、垫状或绳索状结构，这些分别称为菌核、子座和菌索，这些结构有助于真菌度过不良环境并产生繁殖器官。

(二)真菌的繁殖体

营养体生长一定时期产生的繁殖器官，称为繁殖体。真菌主要靠产生孢子进行繁殖。

1. 无性繁殖及无性孢子类型 无性繁殖是没有经过性细胞或性器官的结合而进行的繁殖。无性繁殖产生的孢子称为无性孢子(图 1-2)。这类孢子的细胞核不发生变化，本质上与高等植物的块茎、鳞茎相似。无性孢子主要的类型有以下几种：

(1)芽孢子 由细胞生芽而形成，成熟后脱离母细胞独立成新个体。

(2)粉孢子 由菌丝体分枝顶端的细胞，直接不断分裂形成成串的短柱状或筒状孢子，孢子形成后常与菌丝脱离，外观呈粉末状，故称粉孢子，又称节孢子。

(3)厚垣孢子　菌丝体的个别细胞原生质浓缩形成的厚壁休眠孢子。它产生在菌丝的中间或菌丝分枝的顶端，呈圆形或椭圆形，有的表面具刺或瘤状突起。厚垣孢子寿命较长，能抵抗不良环境条件。

(4)游动孢子　真菌产生的、能游动的孢子。它形成于菌丝或孢囊梗顶端膨大的孢子囊内，由原生质割裂形成。游动孢子无细胞壁，为圆球形、洋梨形或肾形，具1根或2根鞭毛，借鞭毛摆动使游动孢子在水中作旋转式或摇摆式运动。

(5)孢囊孢子　于孢子囊内形成的不带鞭毛的孢子。孢囊孢子有细胞壁，无鞭毛，不能游动。成熟时，孢子囊破裂，散出孢囊孢子。

(6)分生孢子　这是真菌中最常见的一种无性孢子。产生在由菌丝分化而有形状差别的分生孢子梗上，孢子成熟时容易从孢子梗上脱落，而称为分生孢子。

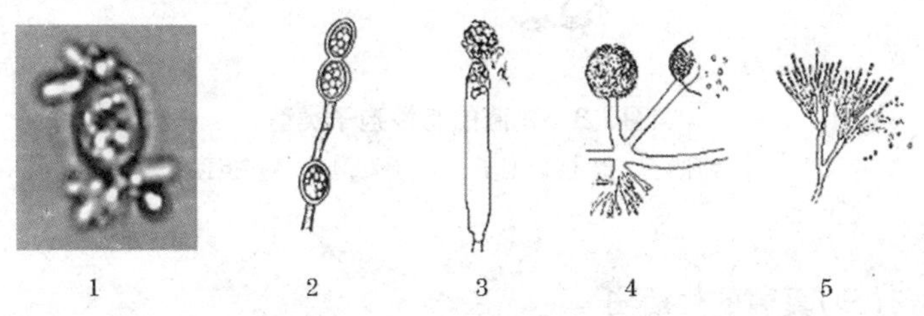

图1-2　真菌的无性孢子类型

1. 芽孢子　2. 厚垣孢子　3. 游动孢子　4. 孢囊孢子　5. 分生孢子

2. 有性繁殖及有性孢子类型　有性繁殖是通过性器官或性细胞的结合而进行繁殖的一种方法。有性繁殖产生的孢子称为有性孢子(图 1-3)。常见的有性孢子类型有以下几种：

(1)合子　由 2 个异性游动配子相结合形成。

(2)卵孢子　卵菌纲的有性孢子,是由雄器和藏卵器交配形成的二倍体孢子。

(3)接合孢子　接合菌的有性孢子。由 2 个同型的配子囊相结合形成的二倍体厚壁孢子。

(4)子囊孢子　子囊菌的有性孢子,产生于子囊内,每个子囊常形成 8 个子囊孢子。

(5)担孢子　担子菌的有性孢子,产生在担子上,每个担子形成 4 个担孢子。

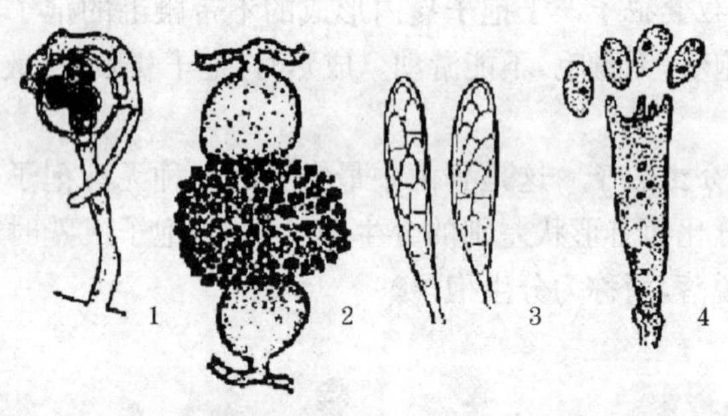

图 1-3　真菌的有性孢子类型

1. 卵孢子　2. 接合孢子　3. 子囊孢子　4. 担孢子

(三)真菌的生活史

真菌从一种孢子开始,经过生长和发育阶段,最后又产生同一种孢子的过程,称为真菌的生活史。典型的生活史一般包括无性阶段和有性阶段。

大多数真菌的繁殖能力很强,在一个生长季内可以繁殖多次,产生大量的无性孢子。除厚垣孢子外,无性孢子一般无休眠期,细胞壁较薄，对低温、高温、干燥等抵抗力弱，但繁殖快，数量大，扩散范围广，往往对一种病害在生长季节中的传播和再侵染起重要作用。植物病原菌的有性生殖多出现在发病后期，有性孢子一般1年1代。细胞壁较厚或有休眠期，以度过不良的环境，是许多植物病害的主要初侵染源。

有些病原真菌需要两种寄主植物才能完成其生活史，这种寄生方式称为转主寄生，其中一种植物为寄主，另一种植物被称为转主寄主。例如，引起苹果锈病和梨锈病的病原菌，其转主寄主是桧柏。

(四)真菌的寄生性和致病性

1. 寄生性　是指病原物在寄主植物活体内获取营养物质而生存的能力。寄生是一种生物依赖另一种生物提供营养物质的生活方式，提供营养物质的一方称为寄主，获取营养的一方称为寄生物。植物病害的病原物都是异养生物，自身不能制造营养物质，需从寄主体内获取养分。有两种不同的形式，一种是先杀死寄主植物的细胞和组织，然后从中吸取养分，这种寄生物称作死体寄生物，因这类寄生物兼具寄生和腐生能力，又被称为兼性寄生物或兼性腐生物；另一种是仅从活体寄主中获得养分，并不立即杀伤寄主植物的细胞和组织，这种寄生物称作活体寄生物或专性寄生物。

2. 致病性　是指病原物所具有的破坏寄主和引起病变的能力。死体营养的病原物，一般从寄主植物的伤口或自然孔口侵入，产生的酶或毒素等物质，杀死寄主的细胞和组织，然后以死亡的植物组织作为生活基质，再进一步伤害周围的细胞和组织。死体营养病原物的腐生能力一般都比较强，它们能在死亡的植物残体上生存，营腐生生活，因此都能进行人工培养。引起苹果腐烂病、干腐病、褐腐病的真菌都属于这种类型。活体营养的病原物是更高级的寄生物，它们可以从寄主的自然孔口侵入，或直接穿透寄主的表皮，侵入后在植物细胞间隙蔓延，通过一定构造的吸器从寄主细胞内吸收营养物质（如霜霉菌、白粉菌和锈菌）。活体营养的病原物不能脱离寄主营腐生生活，不能人工培养，一旦寄主的细胞和组织死亡，它们也随之停止发育，迅速死亡。

（五）真菌的分类及所致病害特点

依据 G. C. Ainsworth 在第六版《真菌辞典》(1971)和《真菌进展论文集》(1973)中阐述的分类系统，将菌物界分为黏菌门和真菌门。真菌门分为鞭毛菌亚门、接合菌亚门、子囊菌亚门、担子菌亚门和半知菌亚门 5 个亚门。

1. 鞭毛菌亚门及所致病害的特点 鞭毛菌亚门的真菌，绝大多数生活在水中，少数具有两栖和陆生习性。营养方式有腐生、寄生和共生，可寄生在细胞间或细胞内。其主要特征是：菌丝体无隔多核，细胞壁主要成分为纤维素；无性繁殖产生有鞭毛的游动孢子；有性繁殖产生卵孢子。

鞭毛菌与果树病害关系密切的是卵菌纲霜霉目的真菌，引起葡萄霜霉病、苹果疫腐病和苗木猝倒病等。症状有腐烂（果腐、茎基腐和根腐）、斑点（坏死斑、褪色斑）、猝倒和流胶等。鞭毛菌主要以卵孢子越冬，以孢子囊和游动孢子引起初侵染和再侵染，借雨水和气流传播。在条件适宜时，潜育期短，可多次重复侵染。尤其在低温多雨、潮湿，昼夜温差大的条件下，容易引起病害流行。

2. 接合菌亚门及所致病害的特点 接合菌亚门的真菌，绝大多数为腐生菌，广泛分布于土壤和粪肥中，少数为寄生菌。其主要特征是：菌丝体发达，无隔多核，细胞壁由几丁质组成；无性繁殖产生孢囊孢子；有性繁殖产生接合孢子。接合菌的真菌可引起花腐和多种果实的软腐病。

3. 子囊菌亚门及所致病害的特点 子囊菌亚门属于高等真菌，全部陆生，包括腐生菌和寄生菌。子囊菌菌体结构复杂，形态和生活习性差异很大，其主要特征是：菌丝体发达有分隔；无性繁殖主要产生分生孢子；有性繁殖产生子囊和子囊孢子。

子囊菌与果树病害关系密切的种类很多，如苹果白粉病、苹果树腐烂病、苹果黑星病、苹果炭疽病、苹果白纹羽病、梨轮纹病、梨褐腐病、梨黑星病，葡萄黑痘病，桃缩叶病、桃褐腐病，板栗干枯病等。子囊菌以侵染果树地上部的茎、叶、花和果实为主，多造成局部病害，呈现腐烂、疮痂、白粉、畸形和皱缩等症状；少数引起苗枯、根腐和贮藏期病害等。子囊菌越冬场所是土壤中的病残体或果树地上部分的病残组织。越冬结构有子囊果、菌核、菌索、菌丝体或分生孢子。子囊孢子通常造成初侵染，借气流传播，少数随雨水、昆虫传播。分生孢子可引起再侵染，常给果树生产造成严重的损害。

4. 担子菌亚门及所致病害的特点　担子菌亚门是最高级的真菌。寄生和腐生，其中包括人类食用和药用的真菌，如蘑菇、银耳、木耳等。其主要特征是：菌丝体很发达，有分隔；无性繁殖除锈菌外，很少产生无性孢子；有性繁殖产生担子和担孢子。高等担子菌的担子一般生长 4 个小梗和 4 个担孢子，担子散生或聚生在担子果上（如伞菌，多孔菌等）。

担子菌引致许多重要的果树病害，如苹果锈病、梨锈病、枣锈病、苹果紫纹羽病、梨褐色膏药病、桃灰色膏药病、苹果银叶病、赤衣病和白绢病等。寄生在果树上的高等担子菌，一般为非专性寄生菌，从伤口侵入根或枝干的维管束，主要破坏木质部造成根腐或木朽，如苹果根朽病和银叶病。高等担子菌通常只产生担孢子，或不产生担孢子而以菌核或菌丝在土中蔓延传播，其潜育期一般比较长。此外，寄生在果树上的菌丝体常为多年生。

5. 半知菌亚门及所致病害的特点　半知菌亚门的真菌常造成多种果树病害，在其生活史中只发现无性阶段，所以称为半知菌。但随着研究的不断深入，原来认为只有无性阶段的真菌发现具有有性阶段，其归属多为子囊菌，少数为担子菌。因此，半知菌和子囊菌的关系密切。其主要特征是：菌丝体发达，分隔；无性繁殖产生各种类型的分生孢子；自然状况下缺乏有性阶段。半知菌的基本繁殖方式，是从菌丝体上分化出特殊的分生孢子梗，上面产生分生孢子，孢子萌发产生菌丝体。分生孢子梗分散着生在营养菌丝或聚生在一定结构的子实体中。半知菌的无性子实体除分生孢子梗外，还有分生孢子器、分生孢子盘、分生孢子座和孢梗束。

半知菌引致的果树病害种类很多，重要的有梨黑斑病、桃疮痂病、葡萄褐斑病、柿角斑病、苹果炭疽病、褐斑病、葡萄黑痘病、轮纹病、梨干腐病、葡萄白腐病等。半知菌主要以分生孢子或菌丝体越冬。传播方式通常与分生孢子着生情况有关，着生在分生孢子梗上的分生孢子由气流传播；着生在分生孢子盘和分生孢子器中的分生孢子，先由雨水将胶质溶解，使孢子分散，再借雨水和昆虫传播。半知菌虽然大多只造成局部性病害，但在植物生长季节中，由于分生孢子大量产生，迅速成熟，而且潜育期短，再侵染次数多，所以常造成病害流行。

二、植物病毒

(一)病毒在果树病害中的重要性

果树病毒病是仅次于真菌病的第二大类型。我国果树上主要的病毒病(包括类菌原体病害)有苹果锈果病、苹果花叶病等。其中，苹果锈果病在我国北方苹果产区发生很广，果实受害后呈锈果症状，丧失食用价值。

果树常常带有病毒，而外表却无症状，如李和樱桃潜带黄瓜花叶病毒和葡萄潜带烟草花叶病毒等。这些带毒果树可作为一年生作物、蔬菜等其他植物病毒病的感染源。因此，从植物病毒这个更广泛的范畴来看，研究果树病毒也是很重要的。今后由于国际间品种交流和果树嫁接繁殖及品种高接更新等原因，果树病毒病将仍有可能蔓延。因此，必须重视和加强果树病毒病的研究和防治。

（二）植物病毒的主要性状及本质

1. 形态结构　植物病毒属于分子寄生物，由蛋白质和核酸构成，病毒粒体很小，在电子显微镜下才看得见。其度量单位为纳米（nm）。大多数植物病毒粒体为球形、杆状和线状（图 1-4），少数为弹状、杆菌状和双联体状等；还有些病毒呈丝线状，柔软不规则。球状病毒的直径一般在 20～35 nm，杆状病毒多在 20～80 nm×100～250 nm；线状病毒多为 11～13 nm×700～750 nm。

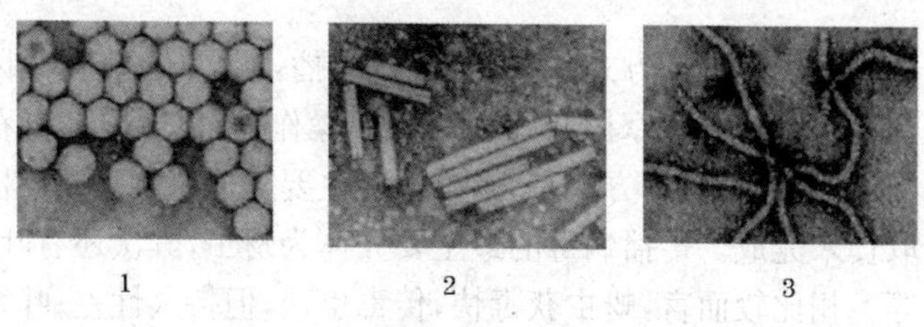

图 1-4　植物病毒的几种主要形态

1. 球状病毒　2. 杆状病毒　3. 线形病毒

2. 病毒的生物性状　植物病毒和其他植物病原真菌、细菌等一样，对寄主具有寄生性和致病性。病毒是一种专性寄生物，到目前为止还只能从活体中发现，它存在于活体的细胞中。除少数病毒寄主专化性很强外，一般对寄主选择性都不严，寄主范围很广。

现已发现，有不少植物感染了某种病毒，但不表现任何症状，其生长发育和产量均未受到显著的影响。这种情况表明，有的病毒在有些寄主上只具有寄生性，而不具有致病性。

3. 病毒的增殖　病毒的繁殖称为增殖。病毒侵染植物后，在活细胞内增殖后代需要经两个步骤：一是病毒核酸的复制，即病毒基因的传递；二是病毒基因的表达，即病毒蛋白质的合成。一般新增殖的病毒会在体内进行胞间运转和在维管束内的长距离运转。

(三)植物病毒病害的症状

植物病毒病害几乎都属于系统侵染的病害。当寄主植物感染病毒后，或早或迟都会在全株表现出病变和症状。这是该类病害的一个重要特点。另外，植物病毒病害只有明显的病状而无病征。这在诊断上有助于区别病毒和其他病原物所引起的病害。植物病毒病的症状可分为三种类型，即褪色、组织坏死和畸形。

(四)植物病毒的传播

植物病毒的传播方式，一种是机械传播，通过微伤侵入，因此通过刮风引起的枝叶摩擦和人为的田间操作，可以造成病毒在树体之间的传播；另一种方式是介体传播，主要是通过刺吸式口器昆虫的取食来完成。传播病毒的最主要介体为蚜虫，其次还有叶蝉、飞虱等。相比较而言，蚜虫获毒快，传毒也快，但持久性差；叶蝉和飞虱获毒时间长，传毒慢，但持久性较强，一旦获毒可以终生传播，有些甚至可以经卵传毒。真菌、线虫和菟丝子也可传播病毒，但其重要性远小于昆虫。病毒的其他传播方式还有种子传毒、花粉传毒、嫁接传毒等。种子传毒不很普遍，但它往往又是造成病毒远距离传播的重要方式。

三、植物病原细菌和类菌原体

(一)细菌和类菌原体在果树病害中的重要性

细菌作为果树病原菌的重要性次于真菌和病毒。重要的果树细菌性病害有桃细菌性穿孔病、梨锈水病和果树根癌病等。桃细菌性穿孔病也在桃的各产区普遍发生，危害严重的造成枝梢枯死及落叶，使产量降低。果树根癌病危害桃、葡萄、苹果、板栗等多种果树，分布很广。由类菌原体引起的枣疯病是我国枣区发生很普遍的一种病害，枣树发病后第二年结果量大大减少，3～4 年后即可枯死。

(二)植物病原细菌和类菌原体的一般性状

1. 形态结构　细菌和类菌原体属原核生物，其细胞核缺少核膜，均为单细胞。植物病原细菌全部都是杆状(图 1-5)，两端椭圆或尖细，一般宽 0.5～0.8μm，长 1～3μm。类菌原体没有细胞壁，这是与细菌的最主要区别。

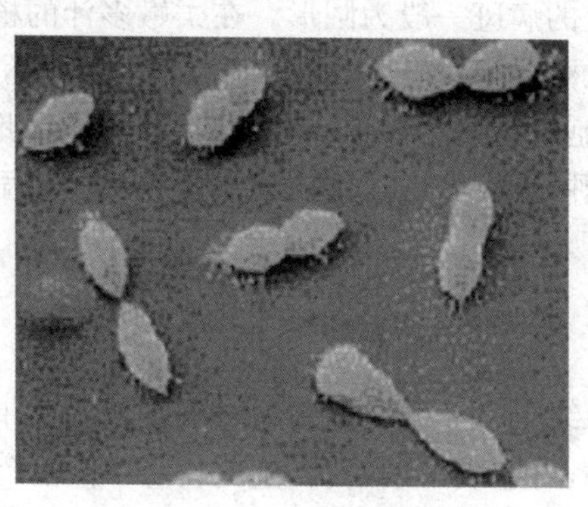

图 1-5　植物病原细菌形态

大多数植物病原细菌都具有鞭毛，在水中能游动。鞭毛数最少的是 1 根，通常为 3～7 根，多数着生在菌体的一端或两端，称极毛，少数着生在菌体四周，称周毛。

2. 细菌的繁殖 细菌的繁殖方式，一般是裂殖。大多数细菌细胞生长到一定程度时，体细胞加长，一分为二，母细胞分裂为两个大小相似的子细胞。细菌繁殖的速度很快，在适宜的条件下，有的只要 20 分钟就能分裂一次。

（三）植物细菌病害的症状特点

植物细菌病害的症状，可分为组织坏死、萎蔫和畸形三种类型，病征为脓状物。在果树病害中，常见的细菌病害症状主要表现有斑点、腐烂、畸形。如细菌性叶斑病，发病初期常呈现半透明的水渍状，同时病斑周围由于毒素作用形成黄色的晕圈。在天气潮湿的情况下，病部常有病状黏液，通常为黄色或乳白色。有的叶斑因受叶脉限制常呈角斑或条斑，有的后期脱落成穿孔，如桃穿孔病。在果实上的病斑一般为圆形。在柔嫩多汁的植物组织上，尤其是植物的贮藏器官发病后，由于细菌分泌果胶酶，使寄主细胞中胶层分解，细胞组织崩坏，造成软腐并具有臭味。此外，常见的畸形有瘿瘤、癌肿、毛根等，如果树根癌病、苹果毛根病等。

四、植物病原线虫

植物病原线虫是一类低等的无脊椎动物。苹果、葡萄、桃、柿等都有线虫病，可造成早期落叶，削弱树势，降低产量。线虫除侵染植物外，还能传带许多其他植物病原，并常常为土传病害的先导和媒介，从而诱发或加重土传病害的发生。

（一）植物病原线虫的一般形态和生物学特性

植物病原线虫多为不分节的乳白色透明线形体。少数为雌、雄异形的，雌虫为洋梨形或球形。线虫一般长度不到 1 mm，宽 0.05～0.1 mm。线虫虫体通常分为头部、颈部、腹部和尾部。头部的口针位于口腔中央,是吸取营养的器官。口针的有无,也是区分寄生线虫和腐生线虫的重要依据。

植物病原线虫的生活史一般都很简单。除少数可营孤雌生殖外,绝大多数线虫是经两性交配后,雌虫才能排出成熟卵。线虫卵一般产在土壤中,有的产在植物体内,有少数留在雌虫母体内。一个成熟雌虫可产卵 500～3 000 粒。卵在适宜的条件下迅速孵化为幼虫,幼虫发育到一定阶段即蜕化,蜕化一次体形长大一些,增长 1 龄。一般线虫经 3～4 次蜕化后,即发育为成虫。从卵孵化到雌虫再产卵为一代,有的需要几天,有的几周,甚至有些长的要 1 年才能完成一代生活史。

植物病原线虫大多数是专性寄生,只能在活组织上取食,少数可兼营腐生生活。由于线虫大多在土壤中存活,所以在地下部寄生于寄主植物根的是多数。一般最适于线虫发育、孵化的温度范围为 25℃±5℃,最适合于线虫活动的湿度为 10%～17%。一般在潮湿、高温条件下,线虫存活时间短;在干燥和低温条件下,存活时间较长。

(二)植物线虫病的症状特点

1. 全株性症状　植株生长衰弱,矮小,发育缓慢,叶色变淡,甚至黄萎,类似缺肥营养不良的现象。这种症状主要是根部受线虫危害后的反应。

2. 局部症状　常见的是畸形,被线虫直接危害的部分,由于线虫取食时寄主细胞受到线虫唾液的刺激和破坏作用,常引起各种异常变化,其中最显著的是肿瘤、丛根及茎叶扭曲等畸形症状。

第三节　引起植物病害的非生物因素

引起植物病害的非生物因素,最重要的是土壤和气候条件。

由于各个因素间是互相联系的，所以病害发生原因有时很复杂。例如，果树遭受冻害和它的营养状况有关；高温对苗木的损害与苗木生长状况和皮层的木质化程度有关；缺铁与土壤酸碱度有关；干旱与日光和风有关等。此外，不同树种和同一树种的不同品种对不良环境条件的抵抗力也不一样。由于非传染性病害的复杂性，因此对它的研究和防治也应是综合性的，必须与植物生理学、土壤学、果树栽培学和气象学等方面密切配合。非传染性病害在症状上和某些病毒病害有时较难区别。常见的非传染性病害的症状有：变色：叶片颜色变淡以至变黄变白，或产生红色、黄色或紫色斑点；坏死：植物组织局部坏死，产生枯死斑点、斑纹和焦枯；落叶、落花或落果；畸形：矮化，小叶或小果；萎蔫。

一、物理因素

（一）温度不适宜

温度是影响果树生长和发育的重要因素之一，果树体内的一切生理、生化活动，都必须在一定的温度条件下进行。温度对果树的影响，主要表现在大气温度和土壤温度两个方面。

1. 低温 果树由于低温可以引起霜害和冻害。我国北方的桃、李、梨、苹果等果树，往往由于春季开花期间受晚霜危害，幼芽受冻变为黑色，花器呈水浸状，花瓣变色脱落，使果树不能结实，或结实后早落或果实畸形。受了霜害的幼果，其外皮往往不易看出受伤的痕迹，而果心部却变为褐色或黑色，这种果实大半都会早期脱落。至于受害轻的果实，虽然能够生长成熟，但是果形小且畸形，品质差或丧失商品价值。

冻害是果树组织直接受到低温的影响所引起。冬季过低的气温，常常导致果树枝干的开裂和树皮的脱离。枝干开裂发生于温度骤然下降的情况下，此时由于树木外层的收缩大于内层，造成树皮崩裂。严寒之后，当温度突然上升时，外层又比内层伸张得快，使树皮脱离木质部而剥落。果树受冻造成的伤口，翌年极易发生腐烂病。贮藏期间的果实受冻后，由于细胞间隙冰块的形成，致使细胞破裂。若细胞还没有死亡，在缓慢解冻时还可以恢复生机。如果是骤然解冻，细胞间隙充满了水分，细胞因窒息而死亡。贮藏中的果实受冻害后，大部分软化呈水浸状，品质降低或丧失食用价值。

2. 高温　高温能破坏果树正常生理生化过程，使原生质中毒凝固导致细胞死亡，最后造成茎叶或果实发生局部灼伤（日烧）等症状。苹果树的向阳部位，若修剪过度，在夏季果实得不到遮荫，就容易发生日灼病，这种灼伤主要是强光照射引起的。干旱会加重强光和高温的危害性。

（二）水分失调

水分是果树不可缺少的组成部分，其含量可占树体和果实重量的40%～97%。水直接参与植物体内各种物质的转化和合成，也是维持细胞膨压，溶解土壤中矿物质养料，平衡树体温度不可缺少的因素。因此，水分不足，或过多和供应失调，都会对果树产生不良的影响而导致发生病害。

如天气干旱，土壤水分不足，引起叶片凋萎、黄化，花芽分化减少，早期落叶、落果；而久旱后遇大雨，又可造成果实脱落和裂果，这些都会严重影响果树的产量。

涝害对果树的影响也很大。北方果树以梨、枣、葡萄较为耐涝。而桃树则属于不耐涝的树种。雨水过多，果园发生涝害时，由于土壤中缺少氧气，抑制了根系的呼吸作用，使果树叶片变色、枯萎、早期落叶和落果，最后引起根系腐烂和全树干枯死亡。

二、化学因素

(一)营养条件不适宜

果树所必需的营养元素有氮、磷、钾、钙、镁和微量元素铁、硼、锰、锌、铜等十几种。缺乏这些元素时,就会出现缺素症;某种元素过多,也会影响果树的正常生长和发育而表现症状。在我国北方一些盐碱地区,由于土壤中可利用态铁的含量低,常导致多种果树的缺铁黄化病。铁在植物体内的流动性差,正在生长的部位最需要铁,而老叶中的铁又不能转移到新叶中,所以缺铁植株的新叶黄化而老叶仍保持绿色。土壤缺锌可造成小叶病,缺钙可造成苹果果实的苦痘病。

土壤内有害盐类的含量,是影响和限制果树生长的重要因素之一。盐碱地区有害的盐类主要是碳酸钠、硫酸钠和氯化钠,其中以碳酸钠危害程度最为严重。有害盐类对果树的危害,主要是渗透压过高,使植物吸水困难,破坏了正常的新陈代谢过程,造成生理中毒现象。其症状基本上和干旱造成的症状相似——生长缓慢、叶片褪绿、变色和焦枯,甚至全株死亡。

(二)中　毒

空气、土壤和植物的表面,有时存在有害的物质,可引起植物中毒。从工厂排出的有害气体,如 SO_2、HCl、Cl_2、SiF_4、NO、NO_2、H_2S 等,常使果树受到伤害,一般称为烟害。烟害通常是由空气中的二氧化硫(SO_2)所引起。症状是果树叶片不均匀褪绿,形成白斑或网斑。有时被害果树还表现生长受抑制、不结实和早期落叶等现象。磷肥厂排出的废气中,如含有较多的四氟化矽,也可引起果树中毒,以桃树受害最重,枣、栗等也能被害,受害组织呈水渍状而后萎蔫。果品在贮藏中,通过呼吸可以产生各种气体,如果通气条件不好,积聚有害气体过多,也可能引起病害。例如,苹果在贮藏期发生的虎皮病,就是由于贮藏库中挥发性物质积累过多所引起。此外,杀虫剂、杀菌剂、除草剂、植物生长调节剂和化学肥料的应用浓度过高,或施用不当,也能引起药害和肥害。

第四节　病害循环

病害循环是指病害从前一生长季节开始发病,到下一生长季节再次发病的过程。病害循环是果树病理学的一个中心问题,因为病害的主要防治措施,是根据病害循环的特点而确定的。只有掌握了病害循环的特点,抓住其中的薄弱环节,才能进行经济有效的防治。

如上所述,在病害循环中通常有活动期和休止期的交替,有越冬和越夏,初侵染和再侵染,以及病原物的传播等几个环节。

一、病原物的越冬与越夏

果树进入休眠期后,病原物如何度过休眠时间,并引起下一生长季节的侵染危害,就是病原物的越冬。有些果实采收较早,引起果实病害的病原菌还会涉及越夏。病原物的越冬、越夏场所,也就是果树在生长季节内最早发病的初侵染源。病原物越冬、越夏的场所,有以下几个方面。

(一)田间病株

果树大多是多年生植物,绝大多数的病原物都能在病枝干、病根、病芽等组织内、外潜伏越冬。其中病毒以粒体,细菌以个体,真菌以孢子、菌丝或休眠组织(如菌核、菌索)等,在病株的内部或表面度过夏季和冬季，成为下一个生长季节的初侵染源。例如，苹果树腐烂病、梨轮纹病、桃细菌性穿孔病等，都是以田间病株作为主要越冬场所的。因此，采取剪除病枝，刮治病干，喷药和涂药等措施，杀死病株上的病原物，消灭初侵染源，是防止发病的重要措施之一。

病原物的寄主往往是多种植物，许多病毒病和一些真菌、细菌性病害的寄主范围比较广泛。其中有野生的，也有栽培的，有一年生的，也有多年生的。所以，很多植物都可以成为某些病原物的越冬、越夏场所。因此，针对这些病害，除消灭果园内病株的病原物外，还要考虑到其他栽培作物和野生寄主。对于转主寄生的病害，还应考虑到转主寄主的铲除等。

(二)种子苗木和其他繁殖材料

不少病原物可以潜伏在苗木、接穗和其他繁殖材料的内部或附着在表面越冬。当使用这些繁殖材料后，不但植株本身发病，而且还可成为田间的发病中心，传染邻近的植株，造成病害的蔓延。此外，还可以随着繁殖材料的远距离调运，将病害传播到新的地区。例如，苹果花叶病、葡萄黑痘病、枣疯病等，常通过砧木传播。而种子带菌对果树病害不重要。

(三)病 残 体

绝大部分非专性寄生的真菌和细菌，都能在染病寄主的枯枝、落叶、落果、残根及修剪下来的枝条等植株残体中存活，或者以腐生方式存活一定时期。当寄主残体分解和腐烂后，其中的病原物也逐渐死亡和消失。病原物在病残体中存活时间较长的主要原因，是由于受到了植株残体组织的保护，增加了对不良环境的抵抗能力。因此，清洁果园，彻底清除病株残体，集中烧毁，或采取促进病残体分解的措施，都可以减少和消灭初侵染源。

(四)土　壤

土壤也是多种病原物越冬、越夏的主要场所。病残体上着生的各种病原物,都很容易落到土壤里面,从而成为下一季节的初侵染来源。

果树一般是多年生的,很难通过轮作的方法消灭土壤中的病原物,因此对一些能够在土壤中长期或多年存活的病原物,例如果树根癌病菌、根朽病菌、白纹羽病菌等,除杜绝病害的传入外,进行园地选择、土壤消毒和苗圃轮作等,也可以消灭和减少土壤中的菌源。

(五)肥　料

病原物可以随着病株残体混入肥料,或以休眠组织直接混入肥料,肥料如未充分腐熟,其中病原体可以存活(如苗木的立枯病)。一般说来,在果树病害中,肥料是病原菌比较次要的越冬和越夏场所。

二、病原物的传播方式

在植物体外越冬或越夏的病原物,必须传播到植物体上,才能发生初侵染。在最初发病植株上繁殖出来的病原物,也必须传播到其他部位或其他植株上才能引起再侵染;此后也是靠不断传播才能连续发生;最后,有些病原物也要经过传播,才能达到越冬、越夏的场所。可见,传播是联系病害循环中各个环节的纽带。防止病原物的传播,不仅能中断病害循环,控制病害发生,而且还可防止危险性病害发生区域的扩大。

有些病原物可以通过自身的活动,进行主动传播。例如,许多真菌具有弹射孢子的能力;一些真菌能产生游动孢子;具有鞭毛的病原细菌也能游动；线虫能够在土壤中或在寄主上爬行。但是病原体弹射和活动的距离有限，只起着传播开端的作用，一般都依靠自然传播，把它们传播到距离较远的植物感病位点上。除了上述主动传播外，病原物主要的传播方式还有以下几点。

(一)风力传播(气流传播)

病原物的传播，风力占着主要的作用，它可以将真菌孢子吹到空中作长距离的传播，也能将病原物的休眠体或病组织吹送到较远的地方。特别是真菌产生孢子的数量大，孢子小而轻，更便于风力传播。此外，黏附在尘土或破碎病组织上的细菌、病毒以及真菌的小菌核，线虫的胞囊、卵囊等，也能通过风力传播。

借风力传播的病害，防治方法比较复杂。因为除注意消灭当地的病原物以外，还要防止外来病原菌孢子随风扩散。所以，对某些病害，有必要组织大面积的联防，才能获得更好的防治效果。

(二)雨水传播

雨水传播病原物也十分普遍，但传播的距离不及风力远。真菌中炭疽病菌的分生孢子，产生在子囊壳或分生孢子器里的孢子以及许多病原细菌，都黏聚在胶质物内，在干燥条件下，都不能传播。必须经过雨水把胶质溶解，使孢子和细菌散入水内，然后才能随水流或雨滴传播。低等鞭毛菌的游动孢子，也只能在水滴中产生并保持它们的活动性。此外，雨水还可以把病树上部的病原物冲洗到下部或土壤内，或者借雨滴的反溅作用，把土壤中的病菌传播到距地面较近的寄主组织上，进行侵染。雨滴还可以促使飘浮在空气中的病原物沉落到植物上。因此，风雨交加的气候条件更有利于病原物的传播。

土壤中的病原物，如根癌细菌、猝倒病菌、立枯病菌还能随着灌溉水传播。防治上要注意避免大水漫灌，有条件的地方尽可能采用喷灌或滴灌，雨后还要注意排水。

(三)昆虫和其他动物传播

有许多昆虫在植物上取食和活动，使细菌性与真菌性病害得以传播，从而成为传播病原物的介体。大多数病毒病害和少数细菌性病害，也可通过昆虫介体传播。

传播病毒病的主要介体昆虫，是同翅目刺吸式口器的蚜虫和叶蝉，其次是木虱、粉蚧等。有少数病毒也可通过咀嚼式口器的昆虫传播。线虫和螨类除了能够携带真菌的孢子和细菌传播病害外，还能传播病毒。另外，鸟类和哺乳类动物的活动，也能造成病害的传播。菟丝子在植物间相互缠绕，也能造成病害的传播。

(四)人为传播

人类在商业活动和各种农事操作中，常常无意识地协助了病原物的传播。例如，使用带病的种子、苗木、接穗和其他繁殖材料，会把病原体带到田间去。这些病原体可在所栽种的植物上继续发展，也可传播到新的感病点上，开始新的侵染过程。

在疏花、疏果、嫁接、修剪、刮树皮等农事操作中，手和工具很容易直接成为传播的媒介，将病菌或带有病毒的汁液传播到健康的植株上。嫁接是病毒病的主要传播方式之一，有些病毒病就专靠嫁接来传播的。至于病原体的长距离传播，则是通过人类的运输活动来完成的。调用的种苗、接穗、果实产品以及果品包装填充用的植物材料，都可能携带病原物。因此，一个地区新病害的进入多半由此造成。

三、病害的初侵染、再侵染和侵染过程

越冬和越夏后的病原物，在植物生长期引起初次的侵染，叫做

初侵染。在初侵染的病株上可以产生孢子或其他繁殖体,它们通过传播引起的侵染称为再侵染。在同一生长季节中,再侵染可能发生多次。

病原物的侵染过程包括接触、侵入、潜伏和显症 4 个阶段。病原物传播体可以通过主动的方式或被动的方式,与寄主植物感病的位点接触,如果条件合适即可侵入。对于病原真菌来说,高湿和自由水是影响孢子能否萌发和侵入的关键因素。一般来说,降水越多越有利于病菌的侵入。由于多种病毒病是由介体昆虫传播的,因此,干旱的条件有利于昆虫活动和对寄主植物的危害。侵入过程相对较短,对于多数发生于叶部的病害来说,完成侵入过程一般仅需要几个小时。病原物从侵入寄主植物到发病称为潜伏期。有些病害潜伏期较短,如苹果斑点落叶病的潜伏期只有 1～2 天;而有些病害的潜伏期则很长,如苹果轮纹病,病菌从侵入幼果到发病,往往需要几个月的时间;而对于苹果腐烂病来说,有时潜伏期能长达几年。经过潜伏期以后,病害进入显症阶段,这是对寄主造成伤害和引起再侵染的重要阶段。

第五节　病害的流行与预测

一、病害的流行

果树病害在一个时期或者在一个地区大量发生,并造成重大经济损失,这种现象称为病害流行。

植物病害的流行可分为两种类型。一种是单年流行病害,也称为多病程病害,指在一个生长季节中,只要条件适宜,就能完成菌量积累,并造成流行危害的病害。例如,梨黑星病、葡萄霜霉病、枣锈病、各种白粉病和炭疽病等。另一种为积年流行病害,又称为单病程病害:是指病原物需要经过连续几年的菌量积累,才能导致病害流行成灾。例如,苹果和梨的锈病、柿圆斑病等。

病害有无再侵染与防治方法和防治效果有密切关系。单病程病害每年的发病程度取决于初侵染的多少,只要集中力量消灭初侵染来源或防止初侵染,这类病害就能得到防治。对于多病程病害,情况就比较复杂,除注意防止初侵染外,还要解决再侵染问题。再侵染的次数越多,防治的次数也就越多。

二、病害的预测

(一)病害预测的意义和根据

植物病害的预测预报,是根据病害的发生发展情况和流行的规律,通过必要的病情调查和相关的环境因素资料,进行综合分析研究,对病害的发生时期、发展趋势和流行危害等作出预测,并及时发出预报,为制订防治计划、掌握防治有利时机提供依据。特别是果树经济价值高,病害种类多,药剂防治的必要性和可能性也大,研究病害的测报方法就更加重要。各种病害都有不同的预测方法,但是它们的测报根据是相同的,主要包括:病害侵染过程和病害循环的特点;病害流行因素的综合作用,包括寄主的抗病性、病原物的致病性,特别是主导因素与病害流行的关系;病害流行的历史资料,包括当地逐年积累的病情消长资料、气象资料、历年测报经验、品种栽培情况以及当年的气象预报等。

(二)病害预测的类型

按测报的有效期限,可区分为短期预测、中期预测、长期预测和超长期预测。

1. 短期预测　时限一般在1周左右。主要根据天气要素和菌源情况作出预测,以帮助确定防治适期。

2. 中期预测 时限一般在10天以上,30天以内。预测结果主要用于防治策略的制订和做好防治准备。

3. 长期预测 时限一般在30天以上至一个生长季节以内。预测结果是指出病害发生的大致趋势,需要以后用中、短期预测加以修正。

4. 超长期预测 一般是预测下一个生长季节或若干年之内病害的变化趋势。

第六节　病害的防治策略

防治果树病害,必须认真执行"预防为主,综合防治"的植保工作方针。"预防为主"就是在病害发生之前采取措施,把病害消灭在发生之前或初发阶段。"综合防治"是从农业生产的全局和农业生态系的总体出发,充分利用自然界因素抑制病虫和创造不利于病虫发生危害的条件,使用各种必要的防治措施,即以农业防治为基础,根据病害发生、发展的规律,因时、因地制宜,合理运用化学防治、生物防治、物理防治等措施,经济、安全、有效地控制病虫害,以达到高产、稳产的目的,同时把可能产生的副作用,减少到最低限度。

一、植物检疫

植物检疫工作是国家保护农业生产的重要措施,它是由国家颁布法令,对植物及其产品,特别是种子和苗木进行管理和控制,防止危险性病、虫、杂草传播和蔓延。主要任务有以下三方面:一是禁止危险性病、虫、杂草随着植物及其产品由国外输入和由国内输出;二是将在国内局部地区已发生的危险性病、虫、杂草封锁在一定的范围内，避免传播到尚未发生的地区，并且采取各种措施，逐步将其消灭；三是当危险性病、虫、杂草传入新地区的时候，必须采取各种紧急措施，彻底肃清。法令或条例中规定的禁止传入和传出的病、虫、杂草，称为检疫对象。

许多植物危险性病害，一旦传播到新的地区，如果遇到适于病原物繁殖的气候和其他条件，往往造成比原产地更大的危害。这是由于新疫区的植物往往对新传入的病害没有抗力所致。例如，18世纪，葡萄霜霉病、白粉病从美洲传到欧洲后，曾经引起大流行。栗树干枯病由亚洲传入美洲后，也造成了毁灭性的灾害。因此，通过植物检疫，防止危险性病、虫、杂草的远距离传播，对于保护农林生产具有很大的重要性。

二、农业防治

农业防治是在果树的栽培过程中，有目的地创造有利于果树生长发育的环境条件，使果树生长健壮，提高果树的抗病能力；同时创造不利于病原物活动、繁殖和侵染的环境条件，减轻病害的发生程度。农业防治是最经济、最基本的病害防治方法。具体措施可以包括以下几个方面。

（一）培育无病苗木

有些果树病害是随苗木、接穗、插条、根茎、种子等繁殖材料而扩大传播的。对于这类病害的防治，必须把培育无病苗木作为一个十分重要的措施。例如，苹果锈果病、花叶病和枣疯病主要通过嫁接传播，因此使用无病苗木和接穗就显得十分重要。

近年来，果树病毒病害在许多新建果园和苗圃中严重发生，这是由于不注意无毒母树的选留，大量使用带毒接穗造成的后果。因此，在严格禁止采用带毒接穗的同时，还应该加强果树病毒病鉴定技术的研究,为繁殖材料带毒情况的鉴定,提供简便易行的方法。

(二)果园卫生

果园卫生包括清除病株残体,摘除树上残留的病果,深耕除草,砍除转主寄主等措施。其目的在于及时消灭和减少初侵染及再侵染的病菌来源。对多年生的果树来说,果园病原物的逐年积累,对病害的发生和流行起着很重要的作用。因此,搞好果园卫生有明显的防病效果。例如,苹果树腐烂病等枝干病害的流行情况,与果园菌量多寡有很密切的关系。如果在果园中堆放大量修剪下来的病枝或不及时治疗病疤,必然增加果园中的菌量,加重病害的流行。梨黑星病的流行与树病梢的数量成正相关。所以,及时处理病枝,刮治病疤和早期彻底摘除病梢,可以明显减少上述病害的发生和流行。

(三)合理修剪

合理修剪可以调节树体的营养分配,促进树体的生长发育,调节结果量,改善通风透光状况,加强树体的抗病能力,起到防治病害的作用。此外,结合修剪还可以去掉病枝、病梢、病蔓、病干、病芽和僵果等,减少病原的数量。但是,修剪所造成的伤口是许多病菌的侵入门户,修剪不合理也会造成树势衰弱,有可能加重某些病害的发生。因此,在果树的修剪过程中,要结合防治病害的要求,采用适当的修剪方法。同时,必须对修剪伤口进行适当的保护和处理。

(四)合理施肥和排灌

加强水肥管理,可以调整果树的营养状况,提高抗病能力,起到壮树防病的作用。在施肥上要特别强调秋施肥。例如,在苹果秋梢停长期,采用上喷下施的方法补充速效肥料,增加树体营养积累，对于压低苹果树腐烂病的春季高峰，有比较明显的效果。对于缺素症的果树，有针对性地增施肥料和微量元素，可以抑制病害的发展，促使树体恢复正常。

果园的水分状况和灌排制度，影响病害的发生和发展。例如果树的一些根部病害，在果园积水的条件下发生较重，适当控制灌水，及时排除积水，翻耕根围土壤，可以大大减轻其危害。有些土壤传播的病害，如白纹羽病、紫纹羽病、白绢病、根癌病等，病菌可随流水传播，灌水时应注意水流方向，不使病原菌随水流到健树附近，可以避免其传播。在北方果区，果树进入休眠期前灌水过多，则枝条柔嫩，树体充水，严冬易受冻害，加重枝干病害的发生，应该适当控制灌水时期。

合理施用肥料，对果树的生长发育及其抗病性的高低，也有较大的作用。过多偏施氮肥，易造成枝条徒长，组织柔嫩，降低其抗病性。适当增施磷、钾肥和微量元素，常有提高果树抗病力的效果。多施有机肥料，可以改良土壤，促进根系发育，提高抗病性。

（五）适期采收和合理贮藏

果品的收获和贮藏是一项十分重要的工作，也是病害防治工作中必须注意的一个环节。果品采收不仅与果品的产量和品质有关，而且果品采收的适时与否，采收和贮藏过程中造成伤口的多少，以及贮藏期间的温、湿度条件等，都直接地影响着贮藏期间病害的发生和危害程度。例如，苹果采收过早，贮藏场所温度过高、通风不良等引起的果品生理活动的不正常，往往使苹果虎皮病、红玉斑点病等非传染性病害发生较重。果品腐烂病菌大多是弱寄生菌，必须从伤口侵入。因此，在果品采收、包装、运输过程中造成的伤口，往往加重各种霉菌（如青霉）的发生。适期采收和一切减少伤口、促进伤口愈合的措施，都可以减轻这些病害的发生。

为了保证贮藏的安全，就必须从各个方面严加注意。例如，病果、虫果、伤果不贮藏，藏前进行药剂处理，推广气调贮藏，保持适宜的温、湿度等，都能减轻贮藏病害的发生和危害程度。

(六)选育和利用抗病品种

选育和利用抗病品种，是果树病害防治的重要途径之一。果树本身原来就具有对病害的多种免疫特性，不同的果树和品种间对病害的抗性有很大差异。因此，可对此加以利用，达到防治病害的目的。

三、生物防治

生物防治是利用有益微生物及生物代谢产物，来影响或抑制病原物的生存和活动，从而达到减轻病害的发生程度。

自然界中有益生物及其代谢产物对植物病原物可以发生各种作用，影响病原物的生存与繁殖，从而控制植物病害的发生和发展。对病原物有害的这些生物，一般统称为“拮抗生物”。拮抗生物的作用主要有抗菌作用、溶菌作用、重寄生作用、竞争作用、交互保护作用和捕食作用等。目前，我国农业生产上已经使用的抗菌素，有春雷霉素、庆丰霉素、链霉素、四环素和灰黄霉素等。在果树病害的防治上，也开始应用某些抗生素。例如，链霉素是农、医两用抗生素，对细菌性病害有较好的防治效果。

四、物理防治

主要是利用温度、射线等物理因素，抑制、钝化或杀死病原物，达到控制植物病害的目的。热力处理是防治多种病害的有效方法。在果树病害的防治中，主要用于带病的种子、苗木、接穗等繁殖材料的热力消毒。例如，用50℃的温水浸桃苗10分钟，可以消灭桃黄化病毒。

一定剂量的射线处理可以抑制或杀灭病原物，用 1.25～1.37kGg 剂量的 γ 射线处理桃子，可以有效防治桃贮藏期由褐腐病菌引起的腐烂。

外科手术是防治树干病害的必要手段。如治疗苹果树腐烂病，可以直接用快刀将病组织刮干净，在刮后及时涂药以提高刮治效果。

五、化学防治

利用化学药剂保护果树不受侵染，防止病害发生的方法，称为化学防治。使用此法也比较简单，是果树病害防治中最常用的方法之一。在果树病害的化学防治中，药剂种类繁多，杀菌机制比较复杂，但原理基本上有保护作用和治疗作用。保护作用是在病原物侵入寄主植物以前，使用化学药剂保护果树或其周围环境，杀死或阻止病菌侵入，从而起到防治病害作用；治疗作用是当病原物侵入果树体内之后，在果树表面施药以杀死或抑制体内的病原物。使用化学农药主要有以下几种方法。

(一)喷 雾

可湿性粉剂、乳剂、水溶剂等农药，都可加水稀释到一定浓度，用喷雾器械喷洒。加水稀释时要求药剂均匀地分散在水内。喷雾时要求均匀周到，使植物表面充分湿润。喷雾法的优点是药剂覆盖面广，速效性强。

(二)种苗处理

用药剂处理果实、种子、苗木、接穗、插条及其他繁殖材料，统称为种苗的药剂处理。许多果树病害都可通过带病繁殖材料来传播。因此，繁殖材料使用前用药剂进行集中处理，是防治这类病害的经济而有效的措施。防治对象的特点不同，用药的浓度、种类、处理时间和方法也不相同。如，表面带菌的可用表面杀菌剂，病菌潜藏在表皮下或芽鳞内的，要用渗透性较强的铲除剂；潜藏更深的要用内吸性杀菌剂。在果树病害的防治上，进行种苗处理的方法主要是药液浸泡。

（三）土壤处理

药剂处理土壤的作用，主要是杀死和抑制土壤中的病原物，使其不能侵染危害。在果树生产上，土壤处理一般用于土壤传染的病害，例如果树苗木立枯病、猝倒病、葡萄白腐病、苹果白绢病等病害的防治。土壤施药的方法，有表面撒粉、药液浇灌、使用毒土等。前者主要用于杀灭在土壤表面或浅层存活的病菌；后两者主要用于在土壤中分布广泛并能长期存活的病菌。在较大的面积上施用药剂成本较高，难以推广。因此，土壤药剂处理目前主要应用于苗床、树穴、根围等处土壤的灭菌消毒。

（四）其　他

除上述方法外，还有其他一些杀菌剂的使用方法。例如，用浸过药的物品作为果实运输过程中的填充物等，以防止果品在运输和贮藏过程中的腐烂；用药剂保护伤口，涂刷枝干防治某些枝干病害；果树涂白，防止冻害等。

第二章　植物害虫的基础知识

第一节　昆虫与人类的关系

果树在生长发育过程中及果品收获后的贮藏期间，常会遭受到多种不利因子的侵害，使产量降低，品质变劣。在这些不利因子中，有害昆虫是其中最重要的类群之一。据有关资料记载，在我国每年受虫害的水果损失高达20%～30%。为了确保农业生产的高产、优质、高效和促进农业生产的可持续发展，对害虫进行及时、有效的控制，是农业生产的一个重要环节。

昆虫属动物界节肢动物门昆虫纲，是动物界中最大的一个类群。昆虫的种类多，数量大，分布广。人类在改造与利用自然的过程中，与昆虫之间形成了非常复杂而密切的关系。根据人类的经济观与健康观，可把昆虫对人类的影响分为益、害两大方面。

一、昆虫的有害方面

(一)农业害虫

农作物由于受害虫的危害常导致产量下降，品质降低，甚至造成严重的灾害。尤其是在古代，虫灾时有发生。今天，害虫仍然是农业丰产丰收的大敌。据联合国粮农组织(FAO)报道，全世界5种重要作物(稻、麦、棉、玉米、甘蔗)每年因虫害的损失达2 000亿美元。我国常见的农业害虫在1 000种左右，每种主要作物的已知害虫种类多在100～400种，每年因害虫造成的损失至少占农作物总产值的1/5以上。1992年,仅棉铃虫就使全国棉花总产量减少30%以上,直接经济损失达100亿元。

(二)林业害虫

森林是重要的自然资源,森林及木材也常遭受昆虫的危害。我国常见森林害虫约400种,以松毛虫、天牛、小蠹等危害最重。

(三)卫生害虫

昆虫对动物的危害表现为直接危害和间接危害两个方面。昆虫对人、畜的直接危害,包括直接取食、蜇刺和骚扰、恐吓等方面;间接危害突出表现为人类的传染病大约有2/3是以昆虫为媒介的,蚊、蝇、蚋、蚤、虱、臭虫、锥猎蝽等昆虫,是疾病的主要传播者。历史上,由昆虫传播的疾病给人类造成了惨重的损失,如蚊虫传播的疟疾曾夺去无数人的生命。当今,由昆虫传播的疫病仍然威胁着人类的健康。在非洲,每年约1亿人患疟疾,因此而丧生的人口多达几十万。

二、昆虫的有益方面

(一)传粉昆虫

昆虫传粉为人类创造了巨大的财富,如有研究表明利用蜜蜂授粉可使棉花增产5%~12%,油菜增产40%~60%,果树增产50%以上,瓜类增产50%~60%,温室大棚的果蔬增产30%~70%等。

(二)工业原料昆虫

不少昆虫产品是重要的工业原料,家蚕、柞蚕为丝绸工业的主体，紫胶、虫蜡、五倍子、萤光素酶、几丁质等昆虫产品，是医学、机电、纺织、石油、化工、航天、食品等多种工业的重要原料。

（三）天敌昆虫

自然界中存在着大量的捕食性和寄生性昆虫，保护与利用自然天敌是害虫生物防治及综合治理的基本措施。

（四）食用、饲用昆虫

昆虫体富含蛋白质、不饱和脂肪酸、微量元素等，可以为人类提供高蛋白、高矿物质、低脂肪的理想食品；加之大部分昆虫易饲养，生物量大，食物转化率高，所以昆虫是一类值得开发的食品资源。如 1993 年鼎突多刺蚁的蚁干销售量已超过 400 吨，蚁制品总产值突破 100 亿元。家蝇幼虫、黄粉甲都是成本低、价值高、收效快的高级饲料。

（五）药用昆虫

药用昆虫是东方传统药物宝库的重要组成部分，目前入药昆虫近 300 种。近年来对虫药的化学成分、治病机制进行了深入研究，并且人工合成或提取斑蝥素及其衍生物、蜣螂毒素、蜂毒、抗菌肽等有效药用物质，临床上用于治疗多种疾病。旧时西方有用蝇蛆清除伤口腐肉、用蚂蚁诊病及缝合伤口等记载。中、西医学都有以蜜蜂刺螫治疗关节炎等疾病的成功经验。

（六）文化昆虫

文化昆虫是指能够美化或丰富人们文化生活的昆虫，包括漂亮昆虫、发音昆虫、发光昆虫、争斗昆虫、节日昆虫等类。

此外，科研用昆虫、腐食及粪食性昆虫、指示昆虫、法医昆虫、生物工程昆虫等，都对人类的生活有着十分重要的贡献。

第二节 昆虫的形态特征

一、昆虫的基本特征

昆虫作为节肢动物门中的一个纲，具有节肢动物的共同特征，如身体左右对称，体躯由一系列体节组成，有些体节具有分节的附肢。除此之外，作为昆虫纲，昆虫的成虫期还具有以下共同特征。

体躯由若干环节组成，这些环节集合成头、胸、腹3个体段；头部是取食与感觉的中心，具有口器和触角，通常还有复眼及单眼；胸部是运动与支撑的中心，具有3对足，一般还有2对翅；腹部是生殖与代谢的中心，其中包括生殖系统和大部分内脏，无行走用的附肢（图2-1）。同时，昆虫在生长发育过程中，通常要经过一系列内部及外部形态的变化，才能变成性成熟的个体（变态）。

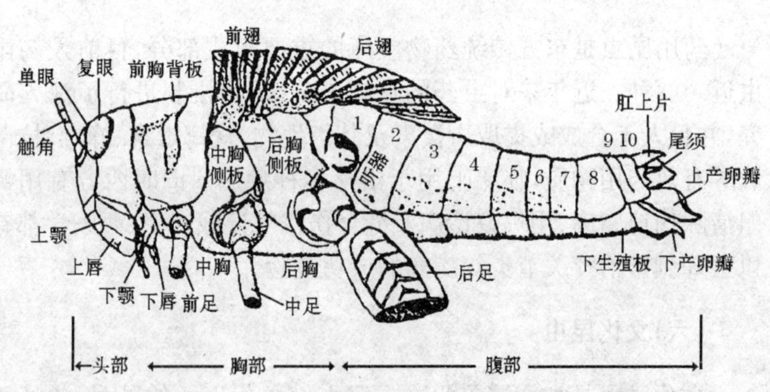

图2-1 昆虫的体躯及基本构造 （仿周尧）

另外，还要指出的是，并非所有在特定时期内具有3对足的动物都是昆虫，如一些蛛形纲、倍足纲和寡足纲的初龄幼虫就具有3对足。掌握以上特征，就可以把昆虫与节肢动物门其他常见动物类群，如多足纲的蜈蚣、马陆，蛛形纲的蜘蛛、蜱、螨，甲壳纲的虾、蟹等区分开。

二、昆虫的头部

昆虫的头部以节间膜与胸部相连，头壳坚硬呈半球形。其上因有一些次生的沟或缝，将头壳划分为若干区域。其中比较重要的有额唇基沟、额颊沟、后头沟、次后头沟等，均是体壁内陷后于表面留下的褶槽；蜕裂线则是外表皮比较薄弱的一条呈“人”字形的线，它是幼虫蜕皮时头壳裂开的地方。头部通常着生1个口器，1对触角，1对复眼和1～3个单眼，是取食和感觉的中心。

(一)触　角

触角的基本构造由3部分组成，即柄节、梗节和鞭节。由于昆虫种类和性别等鞭节变化很大，产生了不同的触角类型。主要包括刚毛状（蜻蜓）、丝状/线状（飞蝗）、念珠状（白蚁）、锯齿状（锯天牛）、栉齿状/梳状（绿豆象）、双栉齿状/羽状（蛾类雄虫）、膝状/肘状（蜜蜂）、具芒状（蝇类）、环毛状（蚊类雄虫）、棍棒状/球杆状（白粉蝶）、锤状（皮蠹甲）、鳃叶状（棕色鳃金龟）等。触角的主要功能是嗅觉、触觉与听觉，有利于昆虫觅食、避敌、求偶和寻找产卵场所。

(二)复眼和单眼

昆虫的成虫和不全变态类的若虫和稚虫都有1对复眼。着生在头部的两侧上方，多为圆形、卵圆形或肾形。复眼是昆虫的主要视觉器官，不但能分辨近处的物体，和运动着的物体的物像，而且对光的强度、波长和颜色等都有较强的分辨能力。大多数昆虫特别对 3 300～4 000Å(330～400nm)的光线有很强的反应,并呈现趋性,因此可利用黑光灯、双色灯、卤素灯等诱集害虫;也有很多害虫有趋绿习性;蚜虫则有趋黄特性。单眼有背单眼和侧单眼两类,背单眼数为 0～3 个,侧单眼数一般每侧各有 1～6 个。有人认为,背单眼虽为视觉器官,但只能感受光线的强弱与方向,而无成像功能,侧单眼可形成倒像。

(三)口　器

口器是昆虫的取食器官,由于各种昆虫的食性和取食方式不同,形成了不同类型的口器。根据取食的方式,可分为咀嚼式口器(取食固体食物)、吸收式口器(取食液体食物)和嚼吸式口器(既能取食固体食物,又能取食液体食物)3 大类。其中吸收式口器又因吸收方式不同,分为刺吸式、虹吸式(蛾、蝶)、锉吸式(蓟马)、舐吸式(蝇类)、刮吸式(蛆)等类型。了解昆虫口器的类型,不但可以帮助认识害虫的危害方式,根据受害状判断害虫的种类,而且可针对害虫不同口器类型的特点,选用合适的药剂进行防治。

1. 咀嚼式口器　是一种最原始的类型,无翅亚纲、直翅目、大部分脉翅目、部分鞘翅目、部分膜翅目成虫及鳞翅目幼虫,都属于咀嚼式。主要由以下 5 个部分组成,即上唇、上颚、下颚、下唇和舌(图 2-2)。主要特点是具有发达而坚硬的上颚,以嚼碎固体食物。上唇是连接在唇基下方,盖在上颚前面的一个薄片,能挡住被咬碎的食物以防外落。上颚是 1 对坚硬的呈倒锥形的结构,昆虫取食时即由两个上颚左右活动,把食物切下并磨碎。下颚具有握持和撕碎食物的作用,协助上颚取食,并将磨碎的食物推进。下颚须具有触觉、嗅觉和味觉的功能。下唇的主要功能是托住切碎的食物,下唇须的功能与下颚须相似。舌位于口器中央,为一狭长囊状突出物,具味觉作用。舌还可帮助运送和吞咽食物。

具有咀嚼式口器的害虫能使植物受到机械损伤。取食叶片时常造成缺刻和孔洞；有的能钻入叶片上下表皮之间蛀食叶肉，形成弯曲的虫道或白斑；有的能钻入植物茎秆、花蕾、铃果，造成作物断枝、落蕾、落铃；有的在土中取食刚播下的种子或作物的地下部分，造成缺苗断垄；有的吐丝卷叶，躲在里面咬食叶片。防治此类害虫，可选用具有胃毒作用的杀虫剂，将农药喷洒在作物表面或拌和在饵料中，当害虫取食时，随食物进入消化道，造成中毒死亡。

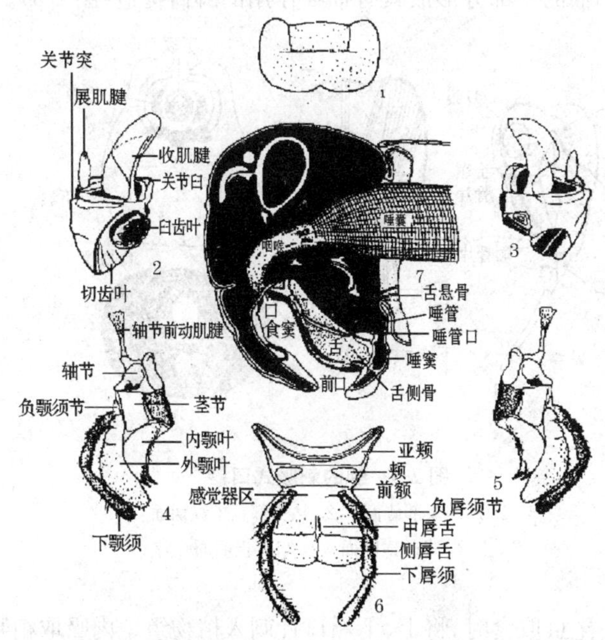

图 2-2 东亚飞蝗的口器组成部分（示咀嚼式口器基本构造）

1. 上唇 2. 3. 上颚 4. 5. 下颚

6. 下唇 7. 头部纵切面，示舌、食窦、唾窦等结构

2. 刺吸式口器 是取食植物汁液或动物血液的昆虫所具有，

是既能刺入寄主体内、又能吸食寄主体液的口器，为同翅目、半翅目、蚤目及部分双翅目昆虫所有。主要构造特点是：下唇延长成管状分节的喙，喙中包藏由上、下颚特化而成的两对口针，其中上颚口针较粗硬，包于外，尖端有倒齿，为主要穿刺工具；下颚口针较细，包于内，两下颚口针内面相对各有 2 条纵沟，嵌合后形成 2 个管道，粗的为食物管，细的为唾液管；上唇退化为小形片状物盖在喙管基部上面，下颚须和下唇须多退化或消失，舌位于口针基部，食窦和咽喉的一部分形成具有抽吸作用的唧筒构造(图 2-3)。

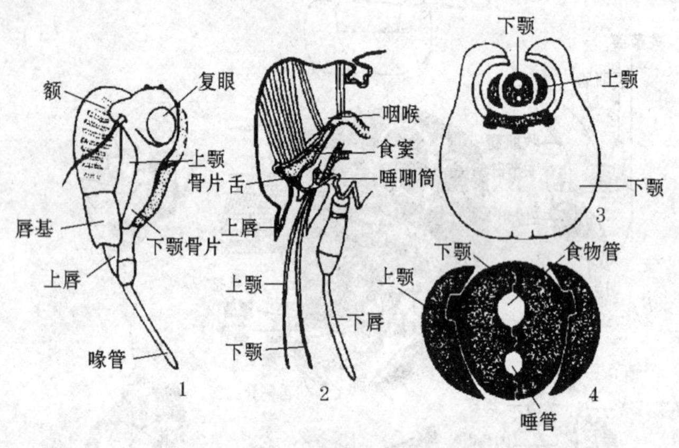

图 2-3　蝉的刺吸式口器

1. 蝉的头部侧面　2. 从头部正中纵切面

3. 喙的横断面　4. 口针横断面

该类昆虫取食时，将上、下颚口针刺入植物组织内吸取植物汁液。吸食过程中，因局部组织受损或因注入植物组织中的唾液酶的作用，使植物出现斑点、卷曲、皱缩或虫瘿等现象，严重时可导致植物枯萎死亡。许多刺吸式口器昆虫，如蚜虫、叶蝉于取食的同时，还传播病毒病，使植物遭受更严重的损失。防治刺吸式口器的害虫，选用具有内吸作用的杀虫剂防治效果好。

具有触杀作用和熏蒸作用的药剂，对各种口器类型的害虫都有效。有些杀虫剂同时具有触杀、胃毒、内吸甚至熏杀等多种杀虫作用，适合于防治各种害虫。

三、昆虫的胸部

胸部是昆虫的第二体段，由膜质的颈部与头部相连。胸部由3节组成，由前向后依次称为前胸、中胸和后胸，每一胸节各有1对足，分别称为前足、中足和后足。多数种类在中胸和后胸还各着生1对翅，分别称为前翅和后翅。足和翅是昆虫的主要运动器官，所以胸部是昆虫的运动中心。

(一)胸足的构造与类型

胸足一般由6节组成，从基部向端部依次为基节、转节、腿节、胫节、跗节和前跗节，节与节之间由膜质相连，各节均可活动。最常见的足的类型为步行足，一些昆虫由于生活环境和生活习性不同，足的构造和功能也发生了很大的变化，形成各种类型的足，主要包括跳跃足（蝗虫后足）、捕捉足（螳螂前足）、开掘足（蝼蛄的前足）、游泳足（龙虱的后足）、抱握足（雄性龙虱的前足）、携粉足（蜜蜂的后足）等。

(二)翅的构造与类型

昆虫是无脊椎动物中惟一有翅的动物。翅的产生对其寻找食物、觅偶繁衍、躲避敌害以及扩展传播等具有重要的意义，使其成为动物界中最为繁盛的一个类群。昆虫的成虫期一般有翅2对，少数种类只有1对翅或完全无翅。不全变态类的若虫翅在体外发育；全变态类的幼虫翅在体内发育。

翅多呈三角形。当翅展开时，位于前方的边缘称为前缘，后方的称为后缘或内缘，外面的称外缘。与身体相连的一角称为肩角，前缘与外缘所成的角为顶角，外缘与后缘间的角为臀角。翅脉在翅面上的分布型称为脉相或脉序。不同种类的昆虫，翅脉的多少和分布形式变化很大，所以脉相在昆虫分类上是重要的依据。

昆虫翅的质地一般为膜质，用作飞行。但是，各种昆虫由于适应特殊的生活环境，翅的功能有所不同。因而在形态、发达程度、质地和表面被覆物等方面发生许多变化，归纳起来有膜翅（蜂类、蝇类）、鳞翅（蛾、蝶）、毛翅（石蛾）、缨翅（蓟马）、覆翅（蝗虫）、鞘翅（甲虫）、半鞘翅（椿象的前翅）、平衡棒（蚊、蝇的后翅）等几种类型。

四、昆虫的腹部

腹部是昆虫的第三体段，一般由 9～11 节组成。腹部 1～8 节两侧有气门，末端有尾须及外生殖器，内脏器官大部分都在腹腔内，所以腹部是昆虫新陈代谢和生殖的中心。

昆虫腹部腹节的构造比较简单，每个腹节只有背板和腹板，而没有侧板，背板与腹板之间是柔软的薄膜，称为侧膜。节与节之间也是由薄膜相连，称为节间膜。由于腹节前后两侧都是膜质，所以腹部有较大的伸缩能力。腹部 1～8 节的侧面具有椭圆形的气门，着生在背板两侧的下缘，是呼吸的通道。昆虫的外生殖器着生在腹部第八节和第九节上，是用来交尾和产卵的器官。雌虫的外生殖器称为产卵器，主要由 3 对产卵瓣组成。雄虫的外生殖器称为交配器，主要由阳具和抱握器组成。不同种类昆虫的外生殖器有显著差异，特别是雄性的外生殖器，即使在近似的种间也有较大的差别，因此常作为鉴定种的重要依据。有些昆虫在第十一节上生有 1 对尾须，是一种感觉器官。

第三节　昆虫的生物学特性

昆虫生物学是关于昆虫生命特性的科学，研究昆虫生殖和生长发育的整个生命活动过程。包括生殖方式、胚胎发育、变态及各发育阶段的生命特征和行为习性等。昆虫种类繁多.在长期的进化过程中，形成了各自相当稳定的生物学特性，即种性。了解和掌握昆虫的生物学特性，对害虫的防治和益虫的利用有着重要的实践意义。

一、昆虫的生殖方式

（一）两性生殖

昆虫通过异性交尾后，在雌虫体内精子和卵子结合形成受精卵，进而发育成新个体的生殖方式，称为两性生殖。绝大多数昆虫以两性生殖方式生殖。

（二）孤雌生殖

昆虫由非受精卵发育成新个体的生殖方式，称为孤雌生殖（又称单性生殖）。孤雌生殖又根据发生频率分为兼性孤雌生殖和专性孤雌生殖。

（三）卵胎生

有些昆虫的卵在母体内完成发育并孵化，直接产下幼虫（或若虫）的生殖方式，称为卵胎生，如蚜虫的单性生殖。卵胎生是有效保护卵的一种适应。

(四)多胚生殖

多胚生殖是指一个卵内形成两个以上胚胎并分别发育成新个体的生殖方式。如一些寄生蜂类等。

二、昆虫的变态及其类型

昆虫的变态是指胚后发育过程中从幼期状态变为成虫期状态的现象。通常昆虫的幼期与成虫期在形态、生理、行为等方面表现出显著的差异。变态过程是由激素控制完成的。昆虫种类繁多，通过漫长的演化过程，其变态亦表现出多样性，最常见的是不完全变态和完全变态。

(一)不完全变态

昆虫一生仅经过卵、若虫和成虫 3 个虫态，成虫的特征随若虫的生长发育而逐渐显现，翅在幼虫的体外发育，成虫不再蜕皮。如蝗虫、椿象等昆虫的变态。

(二)完全变态

昆虫一生经过卵、幼虫、蛹、成虫 4 个虫态，翅在幼虫体内发育，幼虫的内外构造和生活习性与成虫有显著差异。如蝶、蛾类等昆虫的变态。

三、昆虫各虫态的发育特征

(一)卵

卵是昆虫个体发育过程中的第一个虫态。卵从母体产下到孵出幼虫，所经历的时间称为卵期。卵由卵壳、卵黄膜、卵黄、原生质和卵核组成。卵的形状、大小、产卵方式及场所，随昆虫种类不同有很大变化。一般的化学药剂难于穿透卵壳，成虫产卵也往往具有各种保护习性，所以卵期进行药剂防治效果较差。但是，掌握了害虫的产卵习性，可结合农事操作摘除卵块等进行防治。

（二）幼　虫

幼虫是昆虫个体发育过程的第二个虫态，从卵孵化到下一个虫态（蛹或成虫）出现之前的这个发育阶段，称为幼虫期（或若虫期）。幼虫生长到一定阶段受体壁限制，必须蜕去旧皮才能继续生长。幼虫每蜕一次皮，其体重、体积和食量都显著增加。相邻两次蜕皮之间的阶段生长构成一龄（虫龄），其历期称为龄期。幼虫期主要完成生长发育所需的营养积累，对农业害虫来讲，幼虫期是主要为害时期，是害虫防治的重点虫期。初孵幼虫体形小，体壁薄，常群集取食，对药剂抵抗力弱。随着虫龄的增加，食量逐渐增大，一般四龄后进入暴食期，危害加剧，抗药性也增强。因此，药剂防治幼虫的关键时期是在三龄之前。

全变态昆虫的幼虫，按其体形和足的多少，可分原足型、多足型、寡足型、无足型等几种类型。

1. 原足型　腹部未分节或分节尚未完成，胸足为简单的突起，口器发育不全，不能独立生活。如寄生蜂的低龄幼虫。

2. 多足型　有 3 对胸足，多对腹足，头发达，口器为咀嚼式。如蝶、蛾类幼虫有 2～5 对腹足；叶蜂幼虫有 6～8 对腹足。

3. 寡足型　只有 3 对胸足，头发达，口器多为咀嚼式。如金龟甲的幼虫蛴螬、叩头甲的幼虫金针虫等。

4. 无足型　既无胸足，又无腹足。如蝇类、天牛的幼虫（图 2-4）。

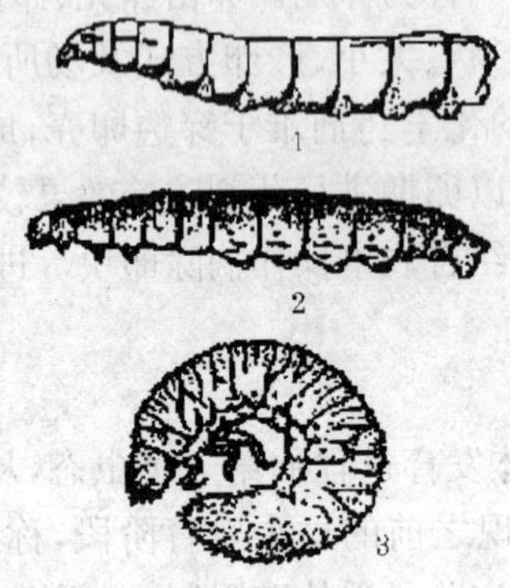

图 2-4　全变态类幼虫类型

1. 无足型(蝇类)　2. 多足型(蝶类)　3. 寡足型(蛴螬)

(三)蛹

蛹是全变态类昆虫的第三个虫态，是其由幼虫转变为成虫的过渡虫态。从化蛹到蜕去蛹皮变为成虫所经历的时间称为蛹期。蛹是一个表面静止、内部进行着剧烈代谢活动的虫态，抗逆能力差，对环境要求比较严格。幼虫老熟以后，停止取食并开始寻找安全的化蛹场所，如树皮下、枯枝落叶中、土壤中等。有些昆虫还需吐丝结茧或营土室，之后静止不动。因此，根据害虫的化蛹习性，采取清洁田园、刮树皮、耕翻晒垡、灌水等措施，对很多害虫也能收到较好的防治效果。蛹按其形态构造特征可分为被蛹、离蛹、围蛹三种类型。

(四)成　虫

成虫是昆虫个体发育的最后一个虫态，雌、雄个体明显分化，具有生殖能力。某些昆虫的雌、雄个体之间，除内外生殖器官不同外，其个体大小、体型、体色及器官构造等也常有差异，这种现象称为性二型或雌雄异型。有些昆虫除雌雄异型外，在同性个体中也分化出不同类型，这种现象称为多型现象。成虫由前一个虫态（蛹或若虫）破壳或蜕皮而出的过程称为羽化。从羽化到成虫死亡所经历的时间称为成虫期。昆虫在成虫期的中心任务是繁殖后代。多数昆虫羽化时生殖器官尚未成熟，必须经过一段时间的取食，使其生殖器官发育成熟，才能交尾产卵。这种在成虫期对性成熟不可缺少的取食，称为“补充营养”。

四、昆虫的世代和年生活史

（一）发生世代

昆虫的卵或幼虫从离开母体发育到成虫性成熟为止的个体发育过程，称为 1 个世代，简称 1 代或“一化”。昆虫一年发生的世代数与种的遗传和环境条件有关。一年只发生 1 代者，称为一化性昆虫。一年发生多代者，称为多化性昆虫。也有些昆虫需两年或多年完成 1 代，如十七年蝉则需十七年发生 1 代。在一年多代的昆虫中，由于发生期和产卵期长，在同一时期内，存在前后世代相互重叠、不同虫态并存的现象，称为世代重叠。

（二）年生活史

从越冬后复苏起至翌年越冬复苏前的全过程，称为年生活史。昆虫年生活史包括昆虫的越冬虫态、一年中发生的世代数以及各世代、各虫态的发生时间和历期，主要着眼于一年中昆虫的出没季节、种群数量的季节变化、越冬状况等。研究昆虫的年生活史的目的，在于弄清昆虫在一年内的发生规律、行为和习性等。对于害虫，可针对其发生过程中的薄弱环节进行防治；而对于益虫，则针对其发生过程中的关键环节加以保护与利用。

五、昆虫的习性与行为

(一)休眠和滞育

昆虫在个体发育过程中,常出现生长发育停滞的现象。根据性质的不同可分为休眠和滞育。

1. 休眠 是昆虫在个体发育过程中,由不良环境条件直接引起的生长发育临时停止的现象,是对不良环境的一种适应。当不良环境条件解除后,便可恢复正常的生长发育。

2. 滞育 是昆虫在系统发育过程中形成的对不良环境的一种适应,具有遗传稳定性。在自然情况下,当不利环境条件尚未到来以前,便进入滞育状态。一旦开始滞育,即使给以最适的环境条件,也不会马上恢复生长发育。昆虫的滞育由体内激素(内因)调节控制。昆虫产生滞育的主要生态诱导因素有光周期、温度、食物等。引起某种昆虫种群50%个体滞育的光照时数,称为临界光周期。

(二)昼夜活动节律

绝大多数昆虫的交尾、取食和飞翔等活动,都与昼夜变化有关,昆虫的活动与昼夜变化节奏相吻合的节律,称为昆虫活动的昼夜节律。昆虫活动的昼夜节律是种的特性,是有利于其生存、繁衍的生活习性。

(三)食 性

昆虫在长期的演化过程中,对食物形成一定的选择性,即食性。通常按取食的性质,把昆虫分为植食性、肉食性、腐食性和杂食性4类;根据取食范围,将其分为单食性、寡食性和多食性3类。

(四)趋 性

趋性是昆虫对环境刺激(物理的或化学的)所产生的定向活动。趋近刺激源为正趋性,背离刺激源为负趋性。昆虫对光源刺激的定向反应称为趋光性。趋化性是昆虫对某些化学物质的刺激所作的定向反应。此外,还有趋温性、趋湿性、趋粪性、趋地性等。

(五)假 死 性

假死性是昆虫受到异常刺激时,立即卷缩不动或坠地假死(状似休克)的习性。如金龟甲、象甲、叶甲以及黏虫幼虫等都有假死性。

(六)群 集 性

群集性是同种昆虫的大量个体高密度地聚集在一起的习性。群集性可分为临时性群集和永久性群集。

(七)迁 飞

迁飞是指昆虫大量从发生地迁出或从外地迁入的活动,是昆虫的种群行为。在农业害虫中,东亚飞蝗、黏虫、褐稻虱、稻纵卷叶螟等,都是众所周知的迁飞性害虫。

第四节　昆虫的主要类群

一、直 翅 目

(一)形态特征

虫体中型至大型。口器标准咀嚼式；复眼发达，单眼 2～3 个；触角丝状或剑状。前胸发达，中、后胸紧密愈合；前翅皮革质为覆翅，后翅膜质；后足多为跳跃足，部分种类前足为开掘足（如蝼蛄科）。腹部一般 11 节，产卵器多数发达。雄虫多具发音器，能发音的种类多具听器，蝗虫听器位于腹部第一节背面两侧，螽蟖和蟋蟀的听器位于前足胫节基部。

(二)生物学特性

不全变态。卵生。蝗虫、蟋蟀、蝼蛄将卵产于土中，螽蟖、树蟋将卵产于植物组织内；卵的形状多呈圆柱形。产卵方式隐蔽，有的数个成小堆，有的集合成卵块，外被保护物。若虫的形态、生活环境、习性都和成虫相似。多数种类 1 年 1 代，蝼蛄 2～3 年完成 1 代。一般以卵越冬。多为植食性种类，少数种类为肉食性。

该目包括蝗虫、螽蟖、蟋蟀、蝼蛄等昆虫。

二、半 翅 目

(一)形态特征

虫体小型至大型，略扁平。口器刺吸式；触角丝状，3～5 节；

喙多为 4 节;单眼 2 个或缺。前胸背板发达,为不规则的六角形,中胸小盾片发达,多呈三角形,前翅半鞘翅,后翅膜质,有些种类翅退化。多数种类靠近中足基节处常有 1 个臭腺孔,能分泌出类似臭椿的气味。跗节通常为 3 节。

(二)生物学特性

不完全变态。若虫一般 5 龄,多数种类 1 年 1 代,以成虫越冬,少数1 年发生 3～5 代,以卵越冬,如盲蝽科即以卵越冬。多数为植食性,取食多种农作物及树木的汁液;少数为肉食性。

该目通称椿象,简称蝽,包括田鳖、蝽、盲蝽、缘蝽、长蝽、猎蝽等昆虫。

三、同 翅 目

(一)形态特征

虫体小型至中型,体壁光滑,多数种类有蜡腺,能分泌蜡质或介壳状覆被物。口器刺吸式,从头的后方或前足基节间伸出,喙 3 节,也有 2 节或 1 节的;触角刚毛状或丝状;有翅种类单眼为 2 个或 3 个,无翅种类无单眼;前翅质地基本均匀,膜质或革质,休息时呈屋脊状;有的无翅;蚧类雄虫后翅退化成平衡棒,雌虫无翅;有的种类有多型现象。雌虫腹末通常有发达的产卵器。

(二)生物学特性

不完全变态繁殖方式多样,存在两性生殖、孤雌生殖、卵胎生等多种。卵多为长椭圆形或椭圆形。产卵方式有两类,一类产在植物组织中,如叶蝉、飞虱等;另一类产在植物表面,如蚜虫等。若虫和成虫的生活环境、习性基本相似。植食性,吸吮植物汁液,并能传播植物病毒。

该目主要包括蝉、叶蝉、飞虱、木虱、粉虱、蚜虫和介壳虫等。

四、缨翅目

(一)形态特征

微小种类,体细长,体色黑色、褐色或黄色。口器锉吸式。触角 6～9 节,线形,略呈念珠状,末端数节尖锐,上有刚毛及若干感觉器。翅 2 对,狭长,膜质,透明,边缘有长的缨毛,故称缨翅,翅脉少,仅有 2～3 根纵脉;腹部 10 节,其末端略呈锥状,腹面有锯状产卵器,或呈管状,无产卵器。

(二)生物学特性

不完全变态。卵很小,有的单个地产在植物组织内,产卵处的表面略为隆起;有的单个或成堆地产在植物表面,或缝隙中,或树皮下。若虫经过 4 个龄期。一般两性生殖,有许多种类无雄虫,进行孤雌生殖。多数种类植食性,在大蓟、小蓟等花上经常发现,蓟马名称故由此而来;少数肉食性,捕食其他小虫。

该目通称蓟马。

五、鞘翅目

(一)形态特征

体壁坚硬;前翅鞘质,后翅膜质,折叠在鞘翅下面;口器咀嚼式。触角 10 节或 11 节,呈线状、锯状、锤状、鳃叶状等多种类型;无单眼;前胸发达,常露出三角形的中胸小盾片;跗节 5 节,少数 4

节或3节。

(二)生物学特性

完全变态。卵为卵圆形或圆球形。幼虫头部发达,较坚硬,口器咀嚼式。蛹为裸蛹。多数陆生,少数水生。多数植食性,少数肉食性或腐食性。幼虫为主要取食虫态,不少种类成虫期也可取食为害。成虫大多有趋光性和假死性。

该目通称甲虫,包括步甲、虎甲、叶甲、瓢虫、天牛、金龟甲、象甲和蠹虫等。

六、鳞　翅　目

(一)形态特征

虫体小型至大型,体翅密被扁平细微的鳞片;口器虹吸式。复眼发达,单眼2个或无;触角呈丝状、羽状或锤状。前、后翅均为鳞翅。前、后翅的基部中央翅脉围成一大型的翅室,称为中室。前翅由各色鳞片构成各种线纹和斑纹,线纹根据在翅面上的位置由基部向端部依次称基横线、内横线、中横线、外横线、亚缘线、缘线;斑纹按形状称环状纹、肾状纹或楔状纹、剑纹。后翅常有新月纹。

(二)生物学特性

完全变态。卵通常圆球形、半球形或扁平。幼虫为多足型的蠋型幼虫,体圆柱形,柔软;头部坚硬,每侧一般有6个单眼;口器咀嚼式,有吐丝器构造用来吐丝;有腹足5对,腹足的底面有钩状刺,称趾钩,趾钩是鳞翅目幼虫的一个典型特征。蛹为被蛹。

该目包括蝶类和蛾类。

七、脉翅目

(一)形态特征

口器咀嚼式。触角线状、念珠状、梳状或锤状;翅 2 对,前后翅均为膜质,大小和形状相似;翅脉密而多,呈网状,边缘多分叉,少数种类翅脉少而简单;跗节 5 节,爪 2 个。

(二)生物学特性

完全变态。卵多数为椭圆形,有的有长柄。幼虫衣鱼形或蠕虫形,口器为双刺吸式。蛹为裸蛹,有丝质的茧。成虫、幼虫均为捕食性,许多种类可用于生物防治。

该目包括草蛉、螳蛉、蚁蛉等。

八、双翅目

(一)形态特征

虫体小型至中型;口器刺吸式或舐吸式;触角丝状、牛角状或具芒状;复眼大,单眼 3 个;前翅膜质发达,后翅特化成平衡棒;跗节 5 节;雌虫腹部末端成为伪产卵器。

(二)生物学特性

完全变态。幼虫为无足型,多数幼虫为“蛆式幼虫”。蛹为裸蛹、被蛹或围蛹。食性复杂,有植食性和腐食性、粪食性、捕食性、寄生性等。

该目包括蚊、虻、蠓、蚋、蝇等。

九、膜 翅 目

(一)形态特征

头活动,复眼大,单眼3个;触角通常雄性有12节,雌性有13节,也有更多或更少的,丝状、锤状或膝状;口器咀嚼式或嚼吸式。前后翅均为膜质,以翅钩连锁。腹部第一腹节并入胸部,成为胸部的一部分,称为并胸腹节;第一节除植食性的科以外,常缩小成"腰",称为腹柄;雌性都有发达的产卵器,多数为针状,有些具刺蜇能力。

(二)生物学特性

完全变态。卵多为卵圆形或香蕉形。食叶性幼虫与鳞翅目幼虫相似,但腹足无趾钩;头部每侧只有1个单眼;其他种类的幼虫无足。蛹为裸蛹,有茧和巢保护起来。食性多样。

该目包括各种蜂和蚂蚁。

第五节　影响昆虫种群动态的因素

农业害虫是农业生态系统中的组成部分,害虫种群数量的变化不仅取决于本身的生物学特性,还与周围环境因素有着密切的联系。因此,深入研究农田生态系统,了解农业害虫种群数量变动与环境之间的相互关系,是开展害虫预测预报和害虫综合防治的基础。

一、农业生态系统

生态系统是指在一定的空间内，生物成分和非生物成分通过物质循环和能量流动，相互作用，相互依存，而构成的一个生态学功能单位。生态系统不论是自然的还是人工的，都具下列共同特性：①生态系统是生态学上的一个主要结构和功能单位，属于生态学研究的最高层次。②生态系统内部具有自我调节能力。其结构越复杂，物种数越多，自我调节能力越强。③能量流动、物质循环是生态系统的两大功能。④生态系统营养级的数目，因生产者固定能值所限及能流过程中能量的损失，一般不超过5～6个。⑤生态系统是一个动态系统，要经历一个从简单到复杂、从不成熟到成熟的发育过程。生态系统中，各种生物之间是通过一系列的取食和被取食关系相互联系在一起，由植物开始进行能量传递，生物之间的这种传递关系称为食物链。但在生态系统中，生物之间的取食和被取食的关系错综复杂。这种联系像是一个无形的网，把所有生物都包括在内，使它们彼此之间都有着某种直接或间接的关系，这就是食物网。一般而言，食物网越复杂，生态系统抵抗外力干扰的能力就越强。

农业生态系统是人类按照自身的需要，通过一定的手段，来调节农业生物种群和非生物环境间的相互作用，通过合理的能量转化和物质循环，进行农产品生产的生态系统。它与自然生态系统相比，具有许多不同的特点。

在农业生态系统中，人的作用非常突出。种植哪些农作物，饲养哪些家禽和家畜，都是由人来决定的。人们还要不断地从事喂养、播种、施肥、灌溉、除草、治虫和收割等活动，只有这样，才能使农业生态系统朝着对人类有益的方向发展。农业生态系统的主要组成成分是人工种养的生物，它远比自然生态系统结构简单，生物种类少，食物链短，自我调节能力较弱，害虫易暴发成灾。只有搞清农业生态系统的特点和规律，创造有利于作物和天敌的生存而不利于害虫的生态环境，才能有效地控制害虫的种群数量，取得良好的经济效益、社会效益和生态效益。

二、影响昆虫种群变动的因素

影响昆虫种群变动的因素，依其性质可分为气候因素、生物因素、土壤因素和人为因素。

（一）气候因素对昆虫的影响

与昆虫个体生命活动及种群消长关系密切的气候因素，有温度、湿度、光、风等。

1. 温度 昆虫是变温动物，体温的变化取决于周围环境的温度，环境温度对昆虫的生长发育和繁殖都有很大的影响。昆虫的生长发育都要求一定的温度范围。这种温度范围称为有效温区，一般为8℃～40℃。其中，最适合昆虫生长发育和繁殖的温度范围，称为最适温区，一般为22℃～30℃。不同种类的昆虫对温度的要求有一定的差异。

2. 湿度和降水 水是昆虫身体的组成成分和生命活动的重要物质与媒介。不同种类昆虫或同种昆虫的不同发育阶段，对水的要求也不同。湿度主要影响昆虫的成活率、生殖力和发育速度，从而影响昆虫种群的消长。尽管湿度对昆虫发育的影响远不如温度那样显著，但是湿度的高低对昆虫的发育和种群数量也有较大的影响。有些昆虫（如稻纵卷叶螟）对湿度要求较高，湿度越大，产卵越多，卵孵化率明显增高，幼虫成活率高，发生量大。但有些昆虫（如蚜虫和红蜘蛛），在干旱的情况下，植物汁液浓度增高，提高了营养水平，更有利于繁殖，因此在干旱的年份，蚜虫为害猖獗。

降水不仅影响湿度,还直接影响昆虫种群的数量变化。春季降水有助于一些在土壤中以幼虫或蛹越冬的昆虫顺利出土;暴雨对许多初孵幼虫和小型昆虫有机械冲刷和杀伤作用;阴雨连绵,不但影响昆虫的活动取食,还会导致昆虫病害流行而使种群数量减少。

3. 光照 光的性质、强度和光周期主要影响昆虫的活动与行为,起信号作用。光的性质通常用波长表示。不同波长的光显示出不同的颜色。昆虫的可见光区,偏于短波光。很多昆虫对紫外光有正趋性,利用黑光灯诱杀害虫,就是这个道理。昆虫的昼夜活动节律就是光强度对昆虫活动和行为影响的结果。如蝶类、蝇类等昆虫喜欢白天活动,蛾类、蚊类等昆虫喜欢夜间活动。光周期对昆虫生理活动有明显的影响。如短日照,预示着冬季即将到来,对于某些昆虫越冬、滞育起信号作用。桃蚜在长日照条件下,产生大量无翅蚜,在秋季短日照条件下则产生两性蚜,并飞向越冬寄主产卵越冬。

4. 气流 气流主要影响昆虫的迁飞和扩散。如蚜虫能借气流传播到很远的地方。黏虫、稻飞虱能借助大气环流远距离迁飞。气流对大气温度和湿度都有影响,从而影响昆虫的生命活动。

(二)生物因素对昆虫的影响

生物因素包括食物因素和天敌因素。

1. 食物因素 在长期进化过程中,各种昆虫都形成了自己特定的新陈代谢形式,也就形成了昆虫特有的食性。尽管多食性昆虫的食谱范围广,但是不同食物对其生长发育及生殖力的影响存在一定的差异,其中一定有其最适宜的寄主种类。

一般情况下,昆虫取食最喜爱的植物时,生长发育快,生殖力强,自然死亡率低。当食物数量不足或质量不高时,可导致昆虫种群中的个体大量死亡,或引起种群中个体的大规模迁移。如东亚飞蝗能取食多个科的植物,但最适宜的是禾本科和莎草科的一些植物种类。取食这类食物，不仅发育好，而且产卵量也高；如果让其取食不喜欢吃的油菜，则死亡率增加，发育期延长；若饲喂棉花和豌豆，则不能完成发育而死亡。同种植物的不同器官，不同生育期，由于其组成成分差异较大，对昆虫的作用也不相同。据此，在生产实践中可采取合理的栽培技术措施，恶化害虫的食料条件，创造有利于天敌昆虫发育和繁殖的条件，有效地防治害虫。

植物对昆虫的取食侵害所产生的抵抗反应，称为植物的抗虫性。植物的抗虫性机制分为避害性、抗生性和耐害性。植物抗虫性的机制是很复杂的，可能有一种或几种表现在同一植物上，有时很难划分。在了解这些机制后，才能利用植物的抗虫性来选育、选用抗虫高产的作物品种。

2. 天敌因素　以害虫作为营养物质的生物，通称为昆虫的天敌。包括昆虫天敌、昆虫病原微生物和其他有益动物。

（三）土壤因素对昆虫的影响

土壤是昆虫的一个特殊生态环境。土壤的温度、湿度、物理结构和化学特性直接影响土栖昆虫的生存、活动和分布。土壤是昆虫越冬、越夏的重要场所。生活在土壤中的昆虫，其活动会随土层深度的变化而出现较大的变化。灌水或雨水会造成土壤耕层水分暂时过多，可以迫使昆虫向下迁移或大量出土，甚至可以造成不活动虫态死亡。了解土壤因素对昆虫的影响，有利于通过各种栽培措施，创造有利于作物生长发育而不利于害虫活动、繁殖的土壤环境，达到减轻作物受害和控制害虫的目的。

（四）人类农业生产活动对昆虫的影响

人类有目的地进行生产活动，能够改造自然，使其有利于人类。例如，通过兴修水利，改变耕作制度；选用抗虫品种、中耕除草、施肥灌溉和整枝打杈等农业措施，改变昆虫生长发育的环境条件，创造不利于害虫生存而有利于天敌和作物生长发育的条件，达到控制害虫的目的。但是，人类的生产活动也可能导致害虫的发生发展。例如，有些果园不合理地施用化学农药，破坏了果园生物群落中天敌的抑制作用，而且使害虫产生了抗药性，往往引起某些害虫再猖獗；人类频繁地调运种子、苗木，可能将一些当地从未发生过的害虫调入，或者有目的地引进天敌昆虫，都会使当地昆虫组成发生变化。如葡萄根瘤蚜随种苗传入我国；澳洲瓢虫的成功引进，有效地控制了柑橘吹绵蚧的危害。由此看来，人们进行生产活动时，必须注意到对昆虫的影响，合理地改变环境，使其向着利于果树和有益生物的方面改变，达到除害兴利的要求。

三、害虫类别和虫害形成的条件

（一）害虫的类别

人们通常把害虫定义为其活动对人类利益是有害的昆虫（包括螨）种类。根据害虫的成灾特点，可分为以下3种。

1. 关键性害虫　又称主要害虫或常发性害虫，是指在不防治情况下，每年的种群数量经常达到经济危害水平，对资源的产量造成相当损失者。如红蜘蛛、蚜虫等。

2. 偶发性害虫　指在一般年份不会造成不可忍受的经济损失，而在个别年份常因自然控制的力量受破坏，或气候不正常（如雨水偏多等），或人们的治理不恰当，致使种群数量暴发，引起经济损失的害虫。如甜菜夜蛾等。

3. 潜在性害虫　又称为次要害虫。是指作为资源消费者和资源竞争者中的大多数种类，约占植食性昆虫种类的80%～90%，在现行的防治措施下，它们的种群数量永远在经济阈值以下的种群平衡状态，则不会造成经济危害损失，因为它们有牢固的自然控制因素。但是,由于它们在食物网中所处的位置,如果改变防治措施或改变耕作制度,就会改变生态系统的结构,就有可能变为重要害虫。

(二)虫害形成的条件

害虫和虫害是两个不同的概念。虫害是害虫取食或产卵等行为造成农作物经济损失的受害特性。

农业害虫造成虫害构成必须具备 3 个条件:一是必须有一定量的虫源。虫源基数越多,发生危害的可能性越大。二是必须达到一定的种群密度。生态条件适宜时,虫口密度就大,只有当害虫的种群密度发展到足以造成危害农作物产量或质量的虫口数量时,才能造成虫害。三是必须具备适宜的寄主植物及其生育阶段。如果害虫发生期与寄主植物易受害期吻合,抗虫性弱,害虫就容易造成较大危害。

(三)经济阈值

经济损害水平,是指引起经济损害的害虫最低密度。经济损害允许水平,是指由防治措施增加的产值与防治费用相等时的害虫密度。

经济阈值又称防治阈值,是指害虫的某一密度,在此密度下应采取控制措施,以防止害虫密度达到经济损害水平。

国内将经济阈值习惯称为防治指标。作为指导害虫防治的经济阈值,必须定在害虫到达经济损害允许水平之前采取措施,因而必须预先确定害虫的经济损害允许水平,然后根据害虫的增长曲线(预测性的)求出需要提前进行控制的害虫密度,这个害虫密度便是经济阈值。经济阈值不仅是害虫种群的函数,还受其他许多变量的影响。由于经济阈值的复杂性,建立一个令人满意的经济阈值是很困难的。当前,生产上推行的防治指标,大多是来自植保工作者的经验总结，或者是通过测定害虫的密度与作物受害程度关系之后计算确定的。确定防治适期的原则，应以防治费用最少、防治效果最好为标准，包括防治效益高，减轻危害损失最显著，对天敌影响小，对害虫的控制作用持久等。以害虫的虫态而言，一般在低龄幼虫期为防治适期；卷叶害虫应在卵孵化盛期至卷叶之前；钻蛀害虫应在成虫盛期至幼虫蛀果之前；蚜虫、粉虱、飞虱、螨类等害虫应在种群突增前或点片发生阶段。

第六节　害虫防治的原理和方法

自从人类开始栽培农作物，人们就在不断与害虫进行斗争，尝试采用各种防治措施控制害虫危害。在这个斗争过程中，人们逐渐认识到，必须依据害虫防治的理论和原理来指导各种防治技术的实施，才能更好地控制害虫，保障农作物生产。在长期的防治实践和对害虫防治技术的不断探索研究中，一些传统的防治方法得到了补充、完善和发展，一些新的、现代化的防治技术也逐步形成。农业害虫的防治方法，根据作用原理和应用技术，可分为5大类，即植物检疫、农业防治、生物防治、化学防治和物理机械防治。多年生产实践证明，单独使用任何一种防治方法，都不能全面有效地解决虫害问题。在进行害虫防治实践中，坚持综合防治的原则，协调使用各种措施，进行综合防治，才能达到有效控制害虫，保障农业生产丰产、丰收的目的。

一、植物检疫

植物检疫就是依据国家法规，对调出和调入的植物及其产品等进行检验和处理，以防止病、虫、杂草等有害生物人为传播的一项带有强制性的预防措施。

植物检疫的主要任务：一是做好植物及其产品的进出口或国内地区间调运的检疫检验工作，杜绝危险性病、虫、杂草的传播与蔓延；二是查清检疫对象的主要分布及危害情况和适生条件，并根据实际情况划定疫区和保护区，同时对疫区采取有效的封锁与消灭措施；三是建立无危险性病、虫的种子、苗木基地，供应无病虫的种苗。

根据植物检疫具体任务的不同，植物检疫可分为对外检疫和对内检疫两方面：一是对外检疫，又称国际检疫，防止危险性病、虫、杂草随同植物及植物产品，如种子、苗木、块茎、块根、植物产品的包装材料等，从国外传入国内或从国内带到国外；二是对内检疫，又称国内检疫，防止国内原有的、局部分布的或新从国外传入的危险性病、虫及杂草的扩大蔓延，将其封锁于一定范围内，并逐步加以彻底消灭。

二、农业防治法

农业防治就是根据农业生态系统中害虫、作物、环境条件三者之间的关系，结合农作物整个生产过程中一系列耕作栽培管理技术措施，有目的地改变害虫生活条件和环境条件，使之不利于害虫的发生发展，而有利于农作物的生长发育；或是直接对害虫虫源和种群数量起到一定的抑制作用。

(一)农业防治及特点

农业防治法是传统的防治方法，随着农业生态系统理论的发展有了更充实的内容，在害虫综合防治中有着重要的地位。农业害虫是以农作物为中心的生态系统中的一个组成部分，环境条件对害虫不利就可以抑制害虫的发生发展，避免或减轻虫害；相反，则会增加害虫的为害。因此，深入掌握耕作制度、栽培管理等农业技术措施与害虫消长关系的规律,就有可能保证在丰产的前提下,改进耕作栽培技术措施,抑制害虫的来源,或改变环境条件,使其不利于害虫而有利于作物,或及时将害虫消灭在大量发生以前,从而控制害虫种群数量保持在不足以造成经济危害的水平。另一方面,还应考虑在与发展农业生产不矛盾的前提下,力求避免对已有害虫造成有利的条件,防止其有所发展,并注意杜绝新的害虫问题的产生。

(二)农业防治的措施

主要包括调整耕作制度;深耕土地与晒土灭虫;科学播种;合理施肥与灌溉;加强田间管理;植物抗虫性的利用及抗虫品种的选育。植物的抗虫性就是植物对某些昆虫种群所产生的损害具有避免或恢复能力。

三、生物防治法

传统的生物防治就是利用生物或其产物控制有害生物的方法,包括传统的天敌利用和近年出现的昆虫不育、昆虫激素及信息素的利用等。

生物防治不污染环境,对人畜及农作物安全,不会引起抗药性,不杀伤天敌及其他有益生物。生物防治也存在着一定的局限性。天敌、寄主、环境之间的相互关系比较复杂,受到多种因素的影响,在利用上牵涉的问题较多,如杀虫作用较缓慢,杀虫范围较窄,不容易批量生产,贮存运输也受限制。

(一)天敌昆虫

到目前为止,利用天敌昆虫防治害虫是生物防治中应用最广、最多的方法。天敌昆虫可分为捕食性天敌和寄生性天敌两大类。

捕食性天敌昆虫防治害虫效果较好。常利用的主要有瓢虫、草蛉、食蚜蝇、食虫虻和泥蜂等。寄生性天敌昆虫大多数种类属膜翅目和双翅目，被广泛利用的主要是寄生蜂和寄生蝇。

天敌昆虫的利用途径包括：一是保护利用自然天敌昆虫。保护天敌昆虫的主要措施有：直接保护；应用农业措施进行保护；合理施用农药。二是天敌昆虫的引进和移殖。有些害虫在当地缺少有效天敌，可从外地或国外引进，通过人工饲养繁殖，田间释放，可获得较好的防治效果。三是天敌昆虫的繁殖与释放。当本地天敌的自然控制力量不足时，尤其是在害虫发生前期，可人工繁殖释放天敌，以控制害虫的为害。

（二）昆虫病原微生物

目前，利用病原微生物防治害虫主要有两种途径：一是发挥其持续作用，将害虫种群控制在较低水平；二是使用微生物农药在短期内大量杀伤害虫。病原微生物的种类较多，有真菌、细菌、病毒、立克次体、原生动物和线虫等。

1. 细菌　能导致昆虫患病死亡的细菌较多，其中以芽孢杆菌、无芽孢杆菌、球杆菌利用最多。芽孢杆菌能产生芽孢抵抗不良环境，并且在生长发育过程中能形成具有蛋白质毒素的伴孢晶体，对多种昆虫，尤其是对鳞翅目昆虫有很强的毒杀作用，因此国内外的有关研究最多，应用也最为广泛。目前，国内外普遍应用的细菌杀虫剂是苏云金杆菌 *Bacillus thuringiensis*（Bt）。

2. 真菌　真菌占昆虫病原微生物种类的60%以上，现已发现有500余种。真菌一般通过体壁感染，病原菌通过表皮侵入体内引起疾病；通常经风、雨水等传播。昆虫被真菌侵入致病死亡后，虫体僵硬，称为硬化病。目前，广泛应用的有白僵菌、绿僵菌和蜡蚧轮枝菌等。

3. 病毒　是近年来发展较快的一个病原微生物类群，对害虫有专一性，且在一定条件下能反复感染。据报道，昆虫和螨类的病毒约1 000多种，其中以鳞翅目昆虫病毒最多。昆虫病毒通常分为包涵体病毒和非包涵体病毒两大类。根据病毒在寄主细胞中生长发育所处的部位，又可以分为核病毒和细胞质病毒两类，其中核多角体病毒（NPV）、细胞质多角体病毒（CPV）、颗粒病毒（GV）应用研究最多。

4. 病原线虫　昆虫病原线虫是有效天敌类群之一，现已发现有3 000种以上的昆虫可被线虫寄生，导致发育不良和生殖力减退，甚至滞育和死亡。其中最主要的是斯氏线虫科、异小杆线虫科和索线虫科。目前，国际上研究较多的病原线虫是斯氏线虫与异小杆线虫。这类线虫寄生范围广及对寄主的搜索能力强，特别是对钻蛀性和土栖性害虫防效较好。

5. 其他病原微生物　微孢子虫国外研究较多，在防治蝗虫中已取得很好的效果。能使昆虫致病的立克次体主要是微立克次体属的一些种，可寄生在双翅目、鞘翅目和鳞翅目的部分昆虫体内。杀虫抗生素——阿维菌素的多种品种，已成功防治多种害虫和害螨。

(三)其他有益动物

节肢动物门蛛形纲中的蜘蛛及蜱螨类中的一些种类，对害虫的控制作用已日益受到人们的重视。食虫益鸟（如大山雀、杜鹃、啄木鸟等）和某些两栖类动物（如青蛙和蟾蜍等）在捕食害虫方面也有一定的作用。

(四)昆虫不育原理及利用

利用昆虫不育方法防治害虫的技术，有人称之为“自灭防治法”或“自毁技术”。

昆虫不育性防治就是利用多种特异方法，破坏昆虫生殖腺的生理功能，或是利用昆虫遗传成分的改变，使雄性不产生精子，雌性不排卵，或受精卵不能正常发育。将这些大量不育个体释放到自然种群中，经若干代连续释放后，使害虫的种群数量减少，甚至导致种群消灭。昆虫不育的方法。包括辐射不育、化学不育、遗传不育和杂交不育。

(五)昆虫激素的利用

昆虫激素的类别很多，根据激素分泌及作用的不同，可分为内激素（又称昆虫生长调节剂）和外激素（又称昆虫信息素）两大类。在害虫防治工作中，研究和应用较多的是保幼激素和性外激素。

1. 保幼激素的应用　昆虫保幼激素作为杀虫剂，多是选择昆虫在正常情况下不存在激素或只存在少量激素的发育阶段（幼虫末期和蛹期）中，使用过量激素，抑制昆虫的变态或蜕皮，影响昆虫的生殖或滞育。

2. 性外激素的应用　性外激素也称为性信息素。目前，性外激素在害虫治理中的应用，可分为害虫监测和害虫控制两大类。应用性外激素可以预测害虫发生期、发生量及分布范围，是一种有效的监测特定害虫出现时间和数量的方法。

四、物理机械防治法

物理机械防治是利用各种物理因子、人工或器械防治有害生物的方法。包括直接或间接人工捕灭害虫，或破坏害虫的正常生理活动，或改变环境条件，超过害虫接受和容忍的程度。

(一)机械捕杀

人工机械捕杀是根据害虫的栖息地位或活动习性，人工或采用简单器械捕杀害虫。

(二)诱　杀

诱杀主要是利用害虫的某种趋性或其他特性(如潜藏、产卵、越冬等)对环境条件的要求,采取适当的方法诱集,然后集中处理,也可结合化学药剂诱杀。包括:①趋光性的利用。多数夜间活动的昆虫有趋光性,可用灯光诱集,如蛾类、金龟子、蝼蛄、叶蝉和飞虱等。②其他趋性和习性的利用。利用害虫的趋化性也是常用的一种诱杀措施。

(三)阻隔分离

掌握害虫的活动规律,设置适当的障碍物,阻止害虫扩散蔓延和为害。例如,果实套袋可阻止果类食心虫在果实上产卵;在树干上涂胶、刷白,可防止果树等树木害虫下树越冬或上树为害或产卵。

(四)温、湿度的利用

不同种害虫对温、湿度有一定的要求,有其适宜的温区范围。高于或低于适宜温区的温度,必然影响害虫的正常生理代谢,从而影响其生长发育、繁殖与为害,甚至其存活率都受影响。因此,可以通过调节控制温度进行防治。

(五)其他新技术的应用

应用红外线、紫外线、X 射线以及激光技术处理害虫,除能造成不育外,还能直接杀死害虫,这在贮粮害虫上使用较多。

五、化学防治法

化学防治法就是利用化学药剂来防治害虫,也称为药剂防治。用于防治害虫的药剂叫做杀虫剂。农药除杀虫剂外,还包括防治农作物、农林产品的螨类、鼠类、病菌、线虫和杂草的药剂，以及调节植物生长和使植物的叶子干枯脱落的生长调节剂等。

化学防治在害虫综合防治中仍占有重要地位，是当前国内外广泛应用的一类防治方法。化学防治具有收效快，防治效果显著；使用方便，受地区及季节性的限制较小；可以大面积使用，便于机械化作业；杀虫范围广，几乎所有害虫都可利用杀虫剂来防治；杀虫剂可以大规模工业化生产，品种和剂型多，而且可长期保存，远距离运输等优点。

同时，化学防治也存在弊端。长期广泛使用化学农药，易使害虫产生抗药性；应用广谱性杀虫剂，在防治害虫的同时，会杀死害虫的天敌，易出现主要害虫再猖獗和次要害虫上升为主要害虫；会污染大气、水域和土壤，对人、畜健康造成威胁，甚至中毒死亡。

(一)杀虫剂的类别

1. 按杀虫剂的来源及化学性质分类

(1)无机杀虫剂　农药中的有效成分是无机化合物的种类，大多数由矿物原料加工而成。这类农药品种少，药效低，毒性大，已逐渐被有机农药和生物农药所取代。如砷酸钙、砷酸铅和氟化钠等。

(2)有机杀虫剂　农药中的有效成分是有机化合物的种类。依据来源可分为天然有机杀虫剂和人工合成有机杀虫剂。天然有机杀虫剂包括植物性(如鱼藤、除虫菊和烟草等)和矿物油两类。人工合成的有机杀虫剂种类很多，按有效成分又分为有机氯类、有机磷类、氨基甲酸酯类、拟除虫菊酯类和沙蚕毒素类等。有机农药具有药效高、见效快、用量少、用途广等特点，已成为使用最多的一类农药。如果使用不当会污染环境和植物产品，而且某些有机农药对人、畜的毒性极高，对有益生物和天敌没有选择性。

(3)微生物农药　用微生物及其代谢产物加工而成的农药。

与有机农药相比，具有对人、畜毒性较低，选择性强，易降解，不易污染环境和植物产品等优点。如苏云金杆菌制剂、白僵菌制剂、多杀菌素和阿维菌素等。

2. 按作用方式分类

农药杀虫剂的作用方式各不相同，有胃毒剂、触杀剂、熏蒸剂、内吸剂、引诱剂、驱避剂、拒食剂、不育剂和昆虫激素等。胃毒剂是一种昆虫通过消化器官将药剂吸收而显示毒杀作用；触杀剂主要是药剂接触到昆虫，通过昆虫体表侵入体内而产生作用来杀死昆虫；熏蒸剂可以以气体状态散发在空气中，通过昆虫的呼吸道侵入虫体使其致死；内吸剂一般是通过被植物的根、茎、叶或种子吸收，当昆虫取食时，药剂进入虫体造成死亡。引诱剂是将昆虫诱集在一起，以便捕杀或用杀虫剂毒杀；驱避剂是将昆虫驱避开来，使作物或被保护对象免受其害；拒食剂是昆虫受药剂作用后拒绝摄食，从而饥饿而死；不育剂是在药剂作用下，昆虫失去生育能力，从而降低害虫数量。

（二）农药的剂型

未经加工的农药叫原药。为了使原药能附着在虫体和植物体上，充分发挥药效，在原药中加入一些辅助剂，加工制成药剂，称作剂型。农药常用的剂型有：粉剂、可湿性粉剂、乳油（乳剂）、颗粒剂、水剂、种衣剂、拌种剂、浸种剂、缓释剂、胶悬剂、胶囊剂、熏蒸剂、烟剂、气雾剂及片剂等。

（三）农药的合理安全使用

合理用药就是要贯彻“经济、安全、有效”的原则，用综合治理的观点使用农药。同时，还应注意以下几个问题。

1. 根据害虫特点选择药剂和剂型　各种药剂都有一定的性能及防治范围。在施药前应根据防治的害虫种类、发生程度、发生规律和果树种类及生育期，选择合适的药剂和剂型，做到对症下药，避免盲目用药。还要注意掌握“禁止和限制使用高毒和高残留农药”的规定，尽可能选用安全、高效、低毒的农药。

2. 根据病虫害特点适时用药 把握病虫害的发生发展规律，抓住有利时机用药，既可节约用药量，又能提高防治效果，而且不易发生药害。例如，使用药剂防治害虫，应在低龄幼虫期用药，否则不仅危害农作物造成损失，而且害虫的虫龄越大，抗药性越强，防治效果也越差。气候条件和物候期也影响农药的使用和选择。

3. 正确掌握农药的使用方法和用药量 正确使用农药，能充分发挥农药的防治效能，还能减少对有益生物的杀伤和农药的残留，减轻农作物的药害。农药的剂型不同，使用方法也不同。如粉剂不能用于喷雾，可湿性粉剂不宜用于喷粉，烟剂要在密闭条件下使用等。要按规定使用农药，不可随意增加用药量、使用浓度和使用次数。否则，不仅浪费农药，增加成本，还会使农作物产生药害，甚至造成人、畜中毒。使用农药以前，要特别注意农药的有效成分含量，然后再确定用药量。

4. 合理轮换使用农药 长期使用一种农药防治某种害虫或病害，易产生抗药性，降低农药防治效果，增加防治难度。例如，很多害虫对拟除虫菊酯类杀虫剂，一些病原菌对内吸性杀菌剂的部分品种容易产生抗药性。如果增加用药量、浓度和次数，害虫抗药性会进一步增大。因此，应合理轮换使用不同作用机制的农药品种。

5. 科学复配和混合用药 将两种或两种以上的、对害虫具有不同作用机制的农药混合使用，可以提高防治效果，甚至可以达到同时兼治几种病虫害的目的，不仅扩大了防治范围，降低了防治成本，还延缓害虫产生抗药性，延长农药品种的使用年限。如灭多威与拟除虫菊酯类混用、有机磷制剂与拟除虫菊酯类混用。农药之间能否混用，主要取决于农药本身的化学性质，混用后不能产生化学变化和物理变化;混用后不能提高对人、畜和其他有益生物的毒性和危害;混用后要提高药效,但不能提高农药的残留量;混用后应具有不同的防治作用和防治对象,但不能产生药害。

6. 安全使用农药 最后一次用药与作物收割的最短间隔时间,为农药的安全使用间隔期,在间隔期内的水果不能采摘,即将采摘的果树不能使用农药。此外,还应注意对农作物无药害,对人、畜安全,对天敌无毒害作用。

六、害虫综合治理

(一)害虫综合治理的基本概念

害虫综合治理(integrated pest management,简称 IPM)的概念是在总结单一防治措施局限性的基础上逐渐发展起来的。在1975 年召开的全国植保工作会上,提出"预防为主,综合防治"作为我国植保工作的方针。1979 年,马世骏先生对综合治理的内容作了进一步的说明,提出综合治理的含义为:"综合治理是从生物与环境的整体观念出发,本着预防为主的指导思想和安全、有效、经济、简易的原则,因地因时制宜,合理运用农业的、化学的、生物的、物理的方法,以及其他有效的生态学手段,把害虫控制在危害水平以下,以达到保证人畜健康和增加生产的目的。"上面的论述中,可见所蕴含的 3 个基本观点,即生态学观点、经济学观点和环境保护观点。综合治理包括以下特点:①不要求彻底消灭害虫,允许害虫在经济损害水平以下继续存在。②充分利用自然控制因素。③强调防治措施间的相互协调和综合。优先考虑生物防治和农业防治措施,尽量少用化学防治。④以生态系统为管理单位。考虑害虫、天敌和环境之间的关系,使防治措施对农田生态系统的内外副作用用降至最低水平。

(二)害虫综合治理项目的组成要素

害虫综合治理项目的组成,包括以下几个要素:一是害虫的正确识别;二是了解影响害虫种群动态的因素;三是确定害虫的危害阈值和经济阈值;四是监测害虫及其天敌的种群动态;五是制订出压低关键性害虫平衡位置的方案;六是害虫综合治理方案的实施。

(三)害虫综合治理展望

自从 1967 年联合国粮农组织提出害虫综合治理的概念以来,综合治理的基础理论和实践一直在不断地发展和丰富。但在目前条件下,要全面实施综合治理策略仍有许多困难。首先,人们对生态系统的认识,包括对各组成成分的作用、相互关系等方面知识的了解还不够深入;其次,由于科研工作者、推广者和农民之间缺少及时、有效的信息沟通,使得害虫防治策略的治理技术不能及时有效传播到农民手中,发挥其应有的作用。此外,农民对害虫综合防治还缺乏必要的知识和认知水平,影响到害虫综合治理方案的实施和推广。针对这些问题和困难,相信随着人们追求较高的生存质量及日益推崇绿色食品,环保意识的深入人心,会为害虫综合防治的实施和推广提供良好的社会基础和坚强后盾。农民知识水平的不断提高,社会对农业生产提出了更高的要求,也会促使害虫综合防治技术的推广和普及。现代科学技术的快速发展,尤其是生物技术和信息技术的发展,一定会加速害虫防治技术的发展,并使这些高科技防治技术及时应用到田间实践。同时,系统科学的理论和方法应用于农业生态系统,可以提高综合防治水平;采用模拟模型及系统分析的方法,推动害虫综合防治向更高层次深入发展,使害虫综合防治为建立优质高产的现代农业体系做出更大的贡献。

第三章　苹果病虫害及防治

第一节　苹果病害及防治

一、苹果树腐烂病

苹果树腐烂病俗称臭皮病、烂皮病、串皮病，是我国北方苹果产区危害较严重的病害之一。

【症　状】 苹果树腐烂病主要危害枝干，形成溃疡型和枝枯型两类症状，有时也可危害果实。

1. 溃疡型　多发生在主干、主枝上，春季一般首先在向阳面出现新病斑。发病初期，病部表面呈红褐色水浸状，略隆起，随后皮层腐烂，常溢出黄褐色汁液。病组织松软、湿腐，有酒糟味。表面产生许多小黑点。在雨后和潮湿情况下，小黑点可溢出橘黄色卷须状孢子角。

2. 枝枯型　枝枯型症状多发生在2～4年生的小枝及剪口、果台、干枯桩和果柄等部位。病斑红褐色或暗褐色，形状不规则，边缘不明显，病部扩展迅速，全枝很快失水干枯死亡。后期病部表面也产生许多小黑点，遇湿则溢出橘黄色孢子角。

3. 果实症状　侵害果实后，在果实上产生近圆形或不规则形、黄褐色与红褐色相间的轮纹病斑。病斑边缘清晰，病组织软腐状，有酒糟味。后期病斑表面产生略呈轮纹状排列的小黑点，遇湿可溢出橘黄色的孢子角。

苹果树腐烂病的症状特点可概括为：皮层烂，酒糟味，小黑点，冒黄丝。

【病　原】　有性态为苹果黑腐皮壳 *Valsa mali* Miyabe et Yamada，属子囊菌门黑腐皮壳属真菌；无性态为壳囊孢 *Cytospora* sp.。

【发病规律】

1. 病害循环特点　病菌以菌丝体、分生孢子器和子囊壳在田间病株、病残体上越冬。病斑中的病菌可存活 4 年左右，同一块病斑释放孢子的能力可持续一年半之久。分生孢子和子囊孢子通过雨水飞溅及随风雨进行传播。另外，孢子也可黏附在昆虫体表，随昆虫的活动而扩散。病菌主要从伤口侵入，也能从叶痕、果柄痕和皮孔侵入。侵入伤口包括冻伤、修剪伤、机械伤和日灼等，其中以冻伤最有利于病菌的侵入。

苹果腐烂病菌为弱寄生菌，可长期潜伏在植株体内。苹果树体普遍带有腐烂病菌，除病树、病斑带菌外，外表无症状的树皮，甚至无病果园的枝条都有腐烂病菌存在。病菌侵入后，先在侵入点潜伏，如果树势健壮，抗病力强，病原菌则不能致病；当树体或局部组织衰弱，抗病力降低时，潜伏菌丝才得以进一步扩展致病。病菌扩展时，先产生有毒物质杀死侵入点周围的活细胞，然后才能向四周扩展。

病菌除了容易在冻伤等已死亡的组织中生存扩展外，还可在落皮层中生存扩展。落皮层是指树体表面翘起的、鳞片状的、容易脱落的褐色坏死皮层组织。落皮层一般在 6 月上中旬开始形成，7 月上旬逐渐变色死亡。由于落皮层组织处于死亡状态，并含有较丰富的水分和养分，为腐烂病菌的扩展提供了良好的基质。落皮层是腐烂病菌潜伏生存的重要场所，是枝干腐烂病发生的主要菌源地。

2. 发生规律　该病一般一年有两次高峰，即春季发病高峰和秋季发病高峰。春季发病高峰，一般出现在 3～4 月份。此时树体经过越冬消耗，树干营养水平降低；再加萌芽、展叶、开花，枝干营养大量向芽转移，营养状况更加恶化，导致树体抗病能力急剧降低。随着气温上升，病斑扩展加快，新病斑数量增多，外观症状明显，酒糟味浓烈，对树体危害加重。据调查，3～4 月份出现的新病斑数量和同一病斑的扩展量较多，均可占全年总量的 70%左右，表现明显的发病高峰。秋季高峰一般出现在 7～9 月份。此时，由于花芽分化，果实加速生长，枝干营养水平及抗病能力又一次降低，新病斑又开始少量出现，旧病斑又有一次扩展，形成秋季高峰。但与春季高峰相比，新病斑出现数量及旧病斑扩展量，仅占全年总量的 20%左右。

3. 发病条件　此病发生轻重与多项因素有关，其中最重要的是树势强弱，同时与果园的病菌数量、树体伤口的多少和状态以及当年的气候等有密切关系。

(1)树势　腐烂病是一种典型的潜伏侵染病害。树势强壮时，抗侵入及抗扩展能力强，病菌处于潜伏状态，虽然树体带菌但很少发病；树势衰弱时，抗扩展能力急剧降低，潜伏病菌迅速扩展蔓延，导致该病严重发生。幼龄树壮，发病轻；老龄树相对较弱，发病重。幼年树营养充分，树势壮，发病轻；老年树营养缺乏，树势衰弱，发病重。施肥合理，尤其是增施钾肥，能够提高抗病力；施肥不合理，尤其是缺肥或偏施氮肥，抗病能力降低，发病较重。

(2)病菌数量　果园中病菌基数高，传播蔓延快，可加重病害的发生。病斑治疗不及时，产生大量孢子，分散传播，增加树体的潜伏菌量，只要出现适宜条件，就会导致严重发病；不及时刨除死株，去除病死枝，或将病树、病枝在果园中堆积存放，也会明显增加果园中的病菌基数。

(3)伤口　腐烂病菌主要通过伤口侵入，尤其是死亡组织的伤口最易遭受侵染。长期不愈合的剪口、锯口往往成为发病中心。

(4)气候条件　冻害与该病的关系最为密切。冻害使树体抗病性降低，树体发生冻害之年，往往是该病大发生或开始大发生之年。

【防治方法】 防治策略必须采取以加强栽培管理，壮树防病为中心；以清除病菌，降低果园菌量为基础；以及时治疗病斑，防止死枝死树为保障，同时结合保护伤口、防止冻害等项措施，进行综合治理。

1. 壮树防病

(1)合理施肥　合理施肥的关键是施肥量要足，肥料种类要全，提倡秋施肥。

(2)合理灌水　秋季控制灌水，有利于枝条成熟，可以减轻冻害；早春适当提早浇水，可增加树皮的含水量，降低病斑的扩展速度。

(3)合理负载　及时疏花疏果，控制结果量，不但能增强树势，减轻腐烂病，也能提高果品品质，增加经济效益。

(4)合理修剪　从防病角度来说，合理修剪主要注意以下三个方面：一是尽量少造成伤口，并对伤口加以处理和保护；二是调整生长与结果的矛盾，培育壮树；三是调整枝量，勿使果园郁闭。

(5)保叶促根　加强果园土壤管理，培育壮树，为根系发育创造良好条件，及时防治叶部病虫害，避免早期落叶。

2. 清除病菌

(1)搞好果园卫生　及时清除病死枝，刨除病树，修剪下来的枝干要运出果园，这些措施都能降低果园菌量，控制病害蔓延。

(2)重刮皮　5～7月份，用刮皮刀将主干、骨干枝上的粗翘皮刮干净的措施称为重刮皮。重刮皮的技术关键有3点：一是刮皮不能过重，深度在1 mm左右，刮后树干呈现黄一块、绿一块的状态；二是刮皮后不能涂刷药剂，更不能涂刷高浓度渗透性强的药剂，以免发生药害，影响愈合。三是过弱树不要刮皮，以免进一步削弱树势。

(3)休眠期喷药　在苹果树落叶后和发芽前喷施铲除性药剂，可直接杀灭枝干表面及树皮浅层的病菌，对控制病情有明显效果。效果较好的药剂有石硫合剂、代森铵、噻霉酮等。

3. 病斑治疗　及时治疗病斑是防止死枝死树的关键。3～4月份为春季发病高峰期，也是刮治病斑的关键时期。

(1)刮治　将病组织彻底刮除并涂药剂保护，成功与否的技术关键有3点：一是彻底将变色组织刮干净，再多刮0.5 cm左右。二是刮口不要拐急弯，要圆滑，不留毛茬；上端和侧面留立茬，尽量缩小伤口，下端留斜茬，避免积水，有利于愈合。三是涂药，保护伤口的药剂要有3个特点，即具有铲除作用、无药害和促进愈合。

(2)割治　用刀先在病斑外围切一道封锁线，然后在病斑上纵向切割成条，刀距1 cm左右，深度达到木质层表层，切割后涂药杀菌的病斑治疗方法称为割治法，又称划条法。割治成功的技术关键：一是刀距不能超过1.5 cm，深度必须达到木质部；二是所用药剂必须有较强的渗透性或内吸性，能够渗入病组织，并对病菌有强大的杀伤效果。

二、苹果轮纹病

苹果轮纹病是苹果枝干和果实上发生的重要病害。全国各地均有发生，以富士苹果最易感病。

【症　状】

1. 枝干轮纹病　该病可危害苹果树的各级枝干。初期是以皮孔为中心形成扁圆形、红褐色病斑。病斑中间突起呈瘤状，边缘开裂。翌年病斑中央产生小黑点(分生孢子器和子囊壳)，边缘裂缝加深、翘起呈马鞍形。以病斑为中心逐年向外扩展，形成同心轮纹状大斑，许多病斑相连，使枝干表皮变粗糙，故又称粗皮病。

2. 果实轮纹病　该病从近成熟期开始发生，采收期发生严重，贮藏期可继续发生。果实发病，初期以皮孔为中心形成水渍状、近圆形、褐色斑点，周缘有红褐色晕圈，稍深入果肉，随后很快向四周扩展，病斑表面具有明显的、深浅相间的同心轮纹，病部果肉腐烂。初期病斑表面不凹陷。严重时5～6天即可全果腐烂，常溢出褐色黏液，有酸臭气味。发病后期，少数病斑的中部产生黑色小粒点，散生，不突破表皮。烂果失水后干缩，变成黑色僵果。

【病　原】　病原是一种菌的两个致病类型。一是苹果轮纹病菌，其有性态为贝伦格葡萄座腔菌梨生专化型 *Botryosphaeria berengeriana de* Not. f. sp. *piricola*（Nose）Koganezawa et Sakuma。二是苹果干腐病菌，其有性态为贝伦格葡萄座腔菌 *Botryosphaeria berengeriana de* Not.。两者均属子囊菌亚门葡萄座腔菌属。无性态可产生小穴壳型 *Dothiorella* 和大茎点型 *Macrophoma* 两种孢子。另据报道，杨、柳、刺槐、桃、山楂等树木上的枝枯病菌（*Macrophoma* spp.）也可侵染苹果果实，引起轮纹烂果症状。

【发病规律】

1. 病害循环特点

（1）初侵染　病菌以菌丝体、分生孢子器及子囊壳在病枝上越冬，菌丝在枝干病斑中能存活4～5年。当气温达到10℃，病菌遇雨后大量释放分生孢子，成为初侵染源。此外，杨、柳、刺槐、山楂和桃等树上的枝枯病菌，也是轮纹状烂果病的重要侵染源。

（2）传播　分生孢子器或子囊壳只有遇到降雨吸水膨胀后，才能从孔口中挤出黏液状的孢子团，孢子团随雨水分散传播。因此，该病是典型的风雨传播病害，传播距离为10～30 m。

（3）侵入和发病　病菌在花前仅侵染枝干，花后侵染枝干和果实。从落花后10天左右至采收，只要遇雨，果实皆可被侵染。分生孢子在适宜温度和高湿度下萌发很快，干腐病菌和轮纹病菌均可经皮孔和伤口侵入果实，一般24小时便可完成侵染。病菌先在皮孔表面形成菌丝体，然后从皮孔外围侵入果实。

(4)潜伏侵染　病菌具有潜伏侵染的特点,即病菌侵入后可在果实皮孔内的死细胞层中长期潜伏,待条件适宜时扩展发病。在自然条件下,果实近成熟时才开始发病,采收期达发病高峰,果实贮藏1个月左右,可出现第二次发病高峰。

(5)再侵染　枝干上当年侵染形成的病斑不能产生分生孢子,病果也不能成为再侵染源。侵染果实和枝干的分生孢子,均由越冬部位的病菌产生,属越冬菌源。因此,苹果生长季节发生的多次侵染均属于初侵染,苹果和梨的果实轮纹病没有再侵染。

2. 发病条件

(1)气候条件　侵染期内,多雨高湿是病害流行的主导因素。幼果期降水次数多,持续时间长,有利于病菌繁殖、田间孢子大量散布并萌发侵入,病害发生严重;反之则侵染少,发病轻。

(2)栽培管理　病害发生与果园内的菌量有密切关系。由于侵染果实的病菌主要来自枝干,所以枝干发病重的果园,果实发病也重。一般树势强壮的,枝干病斑数量少,树势衰弱的枝干上病变组织多,且常常连成片,易造成死枝、死树。进入盛果期的苹果树,枝干上病斑的密度加大。2～8 年生枝均可发病,随着枝龄的增长,病斑增多。树上的枯枝、干橛、枯桩多,其上潜伏的干腐病菌也多;以果树和其他树木的干枯枝作开张角度的支棍、防止果多压断枝干的顶棍或果园的围墙篱笆,其上潜伏越冬的干腐病菌也就比较多;用刺槐等寄主植物作果园的防护林或果园内外有其他寄主树木,都能成为果园发病的菌源,都能加重该病的发生。另据报道,杨、柳、刺槐、桃、山楂等树木上的枝枯病菌 *Macrophoma* spp. 也可侵染苹果和梨的果实,引起轮纹烂果症状。

(3)品种抗病性　苹果品种间的抗病性存在差异。富士、红星、金冠、白龙、印度、北斗、板田津轻、王林、新乔纳金、千秋、元帅、青香蕉、津轻等发病较重;国光、祝光、首红、新红星、红魁、淄博短枝等发病较轻;玫瑰红、金晕、黄魁、北之幸等居中。抗病性的差异主要与皮孔的大小及组织结构有关。皮孔密度大、细胞结构疏松的品种感病都较重;反之,感病轻。

【防治方法】 防治策略是在加强栽培管理、增强树势、提高树体抗病能力的基础上,采用以铲除越冬病菌、生长期喷药和套袋保护为重点的综合防治措施。

1. 铲除越冬菌源

(1)刮除枝干病斑　发芽前将枝干上的轮纹病与干腐病斑刮干净,并集中烧毁,减少病菌的初侵染源。

(2)枝干用药　休眠期喷施铲除性药剂,直接杀灭枝干表面越冬的病菌,可明显降低果园菌量。6 月份枝干施药,可明显减少病原菌孢子的释放量。休眠期枝干上的常用药剂有 1～3 波美度石硫合剂等铲除剂。

(3)清理枯死枝　对修剪落地的枝干,要及时彻底清理;不要使用树木枝干作果园围墙篱笆;不要使用带皮木棍作支棍和顶柱。

(4)休眠期喷药　苹果发芽前喷布 1～2 遍铲除剂,如可选喷 3～5 波美度石硫合剂,或喷施 45%代森铵、35%丙·多等铲除性杀菌剂。

2. 加强栽培管理　苗圃应设在远离病区的地方,培育无病壮苗;建园时应选用无病苗木,定植后经常检查,发现病苗及时淘汰;加强肥水管理,氮、磷、钾平衡施用,并增施有机肥;合理周年整形修剪,刻芽、环剥、拉枝切勿过度;合理疏果,严格控制负载量。

3. 生长期喷药保护　药剂种类、施药时期及次数与果实是否套袋有密切关系。

(1)果实不套袋　苹果谢花后立即喷,每隔 10～15 天喷药 1 次,连续喷 5～8 次,至 9 月上旬结束。多雨年份和晚熟品种可适当增加喷药次数。可根据情况选择下列药剂交替使用:1∶1～2∶200～240 波尔多液、7%甲基硫菌灵 800～1 000 倍液、80%苯醚甲环唑 8 000 倍液、80%代森锰锌 600～800 倍液、80%多菌灵可湿性粉剂 600～800 倍液、40％氟硅唑 8 000～10 000 倍液、戊唑醇等。在一般果园，可以建立以波尔多液为主体、交替使用有机杀菌剂的药剂防治体系。波尔多液有耐雨水冲刷、保护效果好的特点，但在幼果期（落花后 30 天内）不宜使用，可引发果锈。苹果落花后可喷施代森锰锌等有机合成的杀菌剂 2～3 次；6 月上旬开始喷波尔多液，以后交替使用波尔多液与有机杀菌剂。在果实生长后期（8 月底以后）禁止喷施波尔多液，提倡将代森锰锌等保护性杀菌剂与甲基硫菌灵等内吸性杀菌剂交替使用或混合使用。

（2）果实套袋　防治果实轮纹病，关键在于套袋之前用药。谢花后和幼果期可喷施质量高的有机杀菌剂，但要禁止喷施低档代森锰锌和波尔多液等药剂，以免污染果面，影响果品外观质量。套袋前果园应喷 3 遍多菌灵和甲基硫菌灵等杀菌剂。

4. 贮藏期防治　贮藏前要严格剔除病果及其他受损伤的果实，对苹果果实可在咪鲜胺、噻菌灵、乙膦铝等药液中浸泡一定时间，捞出晾干后入库。

三、苹果炭疽病

苹果炭疽病又称苦腐病、晚腐病，是苹果重要的果实病害之一。

【症　状】　该病主要危害果实，也可危害枝条和果台。果实发病，初期果面出现针头大小的淡褐色小斑点，圆形，边缘清晰。病斑逐渐扩大，颜色变成褐色或深褐色，表面略凹陷。由病部纵向剖开，病果变褐腐烂，具苦味。病果剖面呈漏斗状。后期病斑中心出现稍隆起的小粒点，呈同心轮纹状排列。粒点初为浅褐色，后变为黑色，并且很快突破表皮。遇降水或天气潮湿，则溢出粉红色黏液。烂果失水后干缩成僵果，脱落或挂在树上。在果实近成熟或室内贮藏过程中，病斑扩展迅速，往往经过 7～8 天果面即可腐烂

1/2 以上,造成大量烂果。

枝条发病,多发生在老弱枝、病虫枝和枯死枝上。初期枝条表皮形成褐色溃疡斑,多为不规则形,逐渐扩大。后期病部表皮龟裂,致使木质部外露,病斑表面也产生黑色小粒点。病部以上枝条干枯。果台受害,出现褐色病斑,病斑自顶部向下蔓延,严重时副梢不能抽出。

【病　原】　有性态为围小丛壳菌 *Glomerella cingulata* (Stonem) Schrenk et Spauld,属子囊菌亚门小丛壳属。无性态为胶孢炭疽菌 *Colletotrichum gloeosporioides*（Penz.）Penz. et Sacc.,异名为果生盘长孢 *Gloeosporium fructigenum* Berk.。

【发病规律】

1. 病害循环特点　病菌以菌丝体、分生孢子盘在苹果树上的病果、僵果、果台、干枯枝条、病虫危害的破伤枝条等处越冬,也能够在梨、葡萄、枣、核桃、刺槐等寄主上越冬。翌年春天,越冬病菌形成分生孢子,借雨水、昆虫传播,进行初侵染。果实发病后,产生大量分生孢子进行再次侵染。生长季节不断出现的新病果是病菌反复再次侵染和病害蔓延的重要来源。分生孢子落到果面上,萌发产生芽管、附着胞和侵入丝,经伤口、皮孔或直接穿过表皮侵入果实。苹果炭疽病有明显的发病中心,即果园内有中心病株,树上有中心病果,依此向周围扩散蔓延。由中心病果向下呈伞状扩展,树冠内膛较外部病果多,中部较上部多,而且多数发生在果实的肩部。果实生长期均可受危害。

在北方地区,侵染盛期一般从 5 月底至 6 月初开始,8 月中下旬以后,随着果实的成熟,皮孔木栓化程度的提高,侵染减少。炭疽病菌具有潜伏侵染的特点。潜育期一般为 3～13 天,最短 1.5 天,最长可达 114 天。幼果感染的潜育期长,而成熟后潜育期缩短。一般 7 月份开始发病,8 月中下旬进入发病盛期,采收前 15～20 天达发病高峰。南方苹果产区的发病规律基本相同,但发生较早,进入发病盛期快。如果贮藏期条件适宜,受侵染的果实仍可发病。贮藏期炭疽病的发病高峰期出现在苹果采后35天以内。

2. 发病条件

(1)气候条件　高温,高湿,多雨,是炭疽病发生和流行的主要条件。不同地区的发病始期虽然有差别,但主要与进入高温多雨季节的早晚有关。如黄河故道及山东、河北、北京与辽宁等地,进入高温多雨季节的时间一般依次延迟,发病始期亦依次延迟。黄河故道及山东为6月初,北京为6月中下旬,河北昌黎为6月下旬,辽宁为7月底或8月初。发病期每次降雨后2～3天,即出现一批新病果,持续阴雨往往引起炭疽病的流行。贮藏期间如果温度高,湿度大,已染病的果实,其病部继续扩展,可造成贮藏期果实大量腐烂。

(2)栽培条件　土质黏重、地势低洼、排水不良的果园,果树种植过密、树冠郁闭、通风不良的果园,以及树势弱的果园,炭疽病发生均较重。

(3)品种抗病性　苹果品种间的抗病性存在明显的差异。一般是果皮松、果点大而深、果实迅速膨大期遇高温多雨的中晚熟品种发病较重,而早熟品种发病较轻。据国外研究表明,未成熟的果实中存在一种胶质——蛋白质和矿物质的复合物,是抗病的基础。红姣、红玉、祥玉、国光、倭锦、印度、旭、鸡冠、甘露、秦冠、早生旭等品种易感病;金冠、元帅、红星、白龙、富士、红魁、生娘、黄魁等品种发病较轻;祝光、柳玉、伏花皮等品种很少发病。发病轻的品种一般表现为避病。目前,生产上没有高抗品种。另外,不同地区品种的抗性表现不完全一致,金冠、元帅等在北京等地较抗病,但在河南等地则表现为感病。

(4)寄主植物　据日本报道,炭疽病菌可侵染刺槐。据江苏报道,距离果园50m内的刺槐、核桃对发病均有影响,越近则影响越明显。

【防治方法】 结合苹果轮纹病的防治，在加强栽培管理的基础上，重点进行药剂防治和套袋保护。

1. 加强栽培管理　合理密植和整枝修剪，及时中耕锄草，改善果园通风透光条件，降低果园湿度。合理施用氮、磷、钾肥，增施有机肥以增强树势。合理灌溉，避免雨季积水。正确选用防护林树种，平原果园可选用白榆、水杉、枫杨、楸树、乔木桑、枸橘、白蜡条、紫穗槐、杞柳等，丘陵地区果园可选用麻栗、枫杨、榉树、马尾松、樟树、紫穗槐等。新建果园应远离刺槐林，果园内不能混栽病菌易侵染的植物。

2. 清除侵染源　以中心病株为重点，冬季结合修剪清除僵果、病果和病果台，剪除干枯枝和病虫枝，集中深埋或烧毁。苹果发芽前喷一次石硫合剂或45%代森铵。生长季节发现病果，要及时摘除并深埋。

3. 喷药保护　由于苹果炭疽病的发生规律基本上与果实轮纹病一致，而且两种病害的有效药剂种类也基本相同。因此，炭疽病的防治可参见果实轮纹病的防治方法。对炭疽病效果较好的药剂有25%苯醚甲环唑6 000～8 000倍液，25%溴菌腈800～1 000倍液，1.5%噻霉酮600～800倍液等。中国农业大学在果实生长初期喷布无毒高脂膜，15天左右喷一次，连续喷5～6次，可保护果实免受炭疽病菌的侵染。需要注意的是，对发病时间长并且主栽品种感病的果园，应加强喷药保护措施，对中心病株要优先喷药保护。

四、苹果斑点落叶病

1956年，苹果斑点落叶病首先在日本发现，我国自20世纪70年代后期开始陆续有苹果斑点落叶病发生危害的报道，80年代后在渤海湾、黄河故道、江淮等地的苹果产区普遍发生，目前已成为苹果生产上的主要病害。

【症　状】 主要危害叶片，尤其是展开 20 天内的嫩叶。也可危害嫩枝及果实。叶片发病后，首先出现褐色小点，后逐渐扩大为直径为 5～6 mm 的红褐色病斑，边缘为紫褐色，病斑中央往往有 1 个深色小点或具同心轮纹。天气潮湿时，病斑正反面均可见墨绿色至黑色的霉状物。发病中后期，病斑部分或全部变成灰色。有的病斑可扩大为不规则形，有的病斑则破裂成穿孔。有时在后期灰白色病斑上可产生小黑点（二次寄生菌）。在高温多雨季节，病斑迅速扩展为不规则形大斑，常使叶片焦枯脱落。

1 年生的徒长枝和内膛枝容易染病。染病的枝条皮孔突起，以皮孔为中心产生褐色凹陷病斑，多为椭圆形，边缘常开裂。

幼果至近成熟的果实均可受害发病，多发生在近成熟期，出现的症状不完全相同。常见的症状是以果点为中心，产生褐色近圆形的斑点，直径为 2～5 mm，周围有红晕。病果易受二次寄生菌侵染而导致腐烂。

【病　原】 病原为链格孢苹果专化型 *Alternaria alternata* f. sp. *mali*，属半知菌链格孢属真菌。无性繁殖可产生大量具有砖隔且成串的分生孢子。

【发病规律】

1. 病害循环特点　病菌主要以菌丝和分生孢子在病叶上、1 年生枝的叶芽和花芽以及枝条病斑上越冬。越冬的分生孢子和越冬后菌丝体产生的分生孢子，主要借风雨传播。分生孢子传播到侵染部位后，遇雨或叶面结露时，孢子的多个细胞便可同时萌发，侵入寄主表皮细胞。除直接侵入外，也可从气孔侵入。生长期病斑不断产生分生孢子，借风雨传播蔓延，可进行多次再侵染。在田间，一年有两次发病高峰。5 月下旬若遇雨便可形成当年第一个发病高峰，至 6 月中下旬即可造成严重危害。7 月下旬至 8 月上旬，由于秋梢的大量生长，病害发生达到全年的高峰，严重时常出现大量病落叶。

2. 发病条件　该病的发生和流行主要取决于气候条件、叶龄和苹果品种的抗病性。春季干旱，发病晚。生长季节多雨、空气相对湿度大，病害发生重，尤其是春、秋两次抽梢期间的降水量以及空气相对湿度。叶龄与发病有一定的关系，一般来说，较嫩的叶片最易感病，老叶不易被侵染，但不同品种间感病的叶龄有差异。苹果不同品种间感病程度有明显差异。新红星、红元帅、印度、青香蕉、北斗、玫瑰红等易感病；嘎啦、国光、红富士、金冠、红玉、乔纳金比较抗病，发病轻。此外，树势较弱、通风透光不良、地势低洼、地下水位高、偏施氮肥、枝细叶嫩等，均有利于病害发生。

【防治方法】

1. 选用抗病品种　根据各地生产需要，尽可能减少易感病品种的种植面积，选栽较抗病的品种，控制病害的发生和流行。

2. 清洁田园，减少初侵染源　秋冬季节，彻底清扫残枝落叶，并结合剪枝把树上的病枝和病叶清除，集中烧毁或深埋，以减少初侵染源。

3. 加强栽培管理　结合夏剪，及时剪除徒长枝及病梢，减少后期侵染源，改善通风透光条件；合理施肥，多施有机肥，增施磷肥和钾肥，避免偏施氮肥，提高树体抗病能力；合理排灌，对雨后或地势低洼、地下水位高的果园，要注意排水，降低果园湿度，以减轻病害的发生。

4. 化学药剂防治　结合防治腐烂病、轮纹病，在果树发芽前，对全树喷撒药剂，以铲除越冬病菌。在苹果的生长季节注意喷药保护，一般在病叶率达10％时开始用药，重点保护春梢和秋梢期的嫩叶。用药的时间和次数，要根据各地的气候条件和发病时期确定。有效药剂有1.5％多抗霉素400～500倍液、80％代森锰锌600～800倍液、戊唑醇、25％苯醚甲环唑6 000～8 000倍液等杀菌剂。

五、苹果褐斑病

苹果褐斑病，是造成苹果树早期落叶的主要病害之一，在我国各个苹果产区都有发生。随着苹果套袋技术的推广，果农管理意识放松，并且近年来夏季雨量大，雨天频繁，该病害危害严重，造成苹果早期大量落叶，树势削弱，并影响果实的膨大、着色和花芽的形成。褐斑病菌除危害苹果外，还可侵染沙果、海棠、山定子等。

【症　状】 主要危害叶片，也能侵染果实和叶柄。一般树冠下部和内膛叶片先发病，病斑褐色，边缘绿色不整齐，故有绿缘褐斑病之称。病斑可分为 3 种类型。

1. 同心轮纹型　发病初期，在叶片正面出现黄褐色小点，逐渐扩大为圆形病斑，病斑暗褐色，外围有绿色晕圈。后期病斑上产生黑色小点(分生孢子盘)，呈同心轮纹状排列。病斑背面褐色，边缘浅褐色。

2. 针芒型　病斑呈放射状向外扩展，暗褐色或深褐色，其上散生小黑点。病斑小，数量多，常遍布叶片。后期叶片逐渐变黄，病斑周围及背部仍保持绿褐色。

3. 混合型　病斑大，呈圆形或不规则形，暗褐色，病斑上也产生小黑点，但不呈明显的同心轮纹状排列。后期病斑变为灰白色，边缘仍保持绿色，但有时边缘呈针芒状。多个病斑可相互连接，形成不规则形大斑。

果实发病，多在生长后期发生，初为淡褐色小点，逐渐扩大为近圆形或不规则形病斑，褐色，稍凹陷，边缘清晰，后期病斑上散生黑色小点。病组织呈褐色海绵状，病变仅限于病斑下浅层细胞组织。叶柄发病，产生黑褐色长圆形病斑，常常导致叶片枯死。

【病　原】 有性态为苹果双壳 *Diplocarpon mali* Harada et Sawamura，属子囊菌亚门双壳属；无性态为苹果盘二孢 *Marssoni-*

na coronaria（Ell. et Davis）Davis，异名为 *M. mali*（P. Henn）Ito。分生孢子无色，双胞，上胞大且圆，下胞窄且尖，分隔处缢缩，形似葫芦。

【发病规律】

1. 侵染循环　病菌以菌丝体、分生孢子盘或子囊盘在落叶上越冬，翌年春天多雨时产生分生孢子和子囊孢子，通过风雨传播到叶片上引起初侵染。多从叶片的气孔侵入，也可以经过伤口或直接侵入。潜育期长短与温度有关，随气温的升高而缩短，潜育期一般为 6～12 天，最短为 3 天。发病后从病斑产生的分生孢子可进行多次再侵染，造成病害的流行。不同地区发病时间有差别，在河北一般金冠品种发病最早，于 5 月中下旬至 6 月上旬开始发病，其他品种多在 6 月中下旬开始发病，7 月下旬至 8 月上旬进入发病盛期，发病严重年份，8 月中下旬开始落叶，9 月份大量落叶。

2. 发病条件　病害的发生与气候条件、品种抗性和栽培管理措施有关。降水和温度是病害的发生与流行的决定性因素。降水是分生孢子传播的必要条件，孢子的萌发侵入需要叶面结露。春雨早，雨量大，发病早而且重；春季干旱，病害发生晚而轻。夏、秋季节多雨病害发生重。温度主要影响病害的潜育期，在适宜的温度下，潜育期短，菌量迅速积累。管理不善，地势低洼，排水不良，地下水位高，不仅造成园内空气相对湿度大，而且使苹果树的树势减弱，发病重。在同一株树上一般树冠下部比顶部重，树冠内膛比外围发病重，当年结果枝上的叶片发病率比歇果枝上的高。苹果的不同品种间对褐斑病的抗性有差异。红玉、金冠、富士、北斗、元帅、嘎啦等品种易感病；祝光、国光、鸡冠、倭锦、青香蕉等品种发病较轻；小国光则表现抗病。

【防治方法】

1. 搞好清园工作，减少侵染源　苹果落叶后或在春季发芽前，彻底清扫落叶，结合修剪剪除病枝、病叶，集中烧毁或深埋。

2. 加强栽培管理 多施有机肥，增施磷、钾肥，避免偏施氮肥；合理疏果，避免过度环剥，增强树势，提高树体的抗病能力；合理修剪，改善通风透光条件；合理排灌，降低果园湿度等。

3. 药剂防治 在果树发芽前，结合其他病害的防治，全园喷布 3～5 波美度的石硫合剂，以铲除树体和地面上的越冬菌源。一般情况下，从苹果落花后开始喷药，每隔 10～15 天喷药一次，连续喷 5～8 次。各地根据具体气候条件和品种类型，决定喷药次数和喷药时间。如果春天雨水早而且雨量大，首次喷药时间应相应提前，反之喷药时间可推迟。常用药剂有波尔多液，甲基硫菌灵、多菌灵、烯唑醇、苯醚甲环唑等杀菌剂。在套袋之前的幼果期，不要使用波尔多液，以免污染果面，产生果锈。

六、苹果霉心病

苹果霉心病又名心腐病、果腐病、红腐病、霉腐病。北斗、富士、元帅系品种（元帅、红星等）发病严重，病果率高达 40%～60%，国光和祝光品种不发病。

【症　状】 主要危害果实，引起果心腐烂，有的提早脱落。病果外观常表现正常，偶尔发黄、果形不正或着色较早，个别的重病果实较小，明显畸形，在果梗和萼洼处有腐烂痕迹。病果明显变轻。由于多数病果外观不表现明显症状，因此不易被发现。剖开病果，可见心室坏死变褐，逐渐向外扩展腐烂。果心充满粉红色霉状物，也有灰绿色、黑褐色或白色霉状物，或同时出现颜色各异的霉状物。病菌突破心室壁扩展到心室外，引起果肉腐烂。苹果霉心病是由霉心和心腐两种症状构成，其中霉心症状为果心发霉，但果肉不腐烂；心腐症状不仅果心发霉，而且果肉也由里向外腐烂。还有人将其症状发展分为 4 种类型：心室小斑型、心室大斑型、心室腐烂型和果肉腐烂型。在贮藏期，当果心腐烂发展严重时，果实外部可见水渍状、形状不规则的湿腐状褐色斑块，斑块彼此相连成片，最后全果腐烂。烂果果形通常保持完整，但受压极易破碎。病果肉有苦味。

【病　原】 由多种真菌侵染所致，各地鉴定的结果不完全一致，但常见的有粉红单端孢 *Trichothecium roseum*（Bull.）Link，交链格孢 *Alternaria alternate*（Fr.）Keissl. 和串珠镰刀菌 *Fusarium moniliforme* Sheld 等 3 种真菌。

【发病规律】

1. 病害循环 病菌在树体上以及土壤等处的僵果或其他坏死组织上存活。果园树上的僵果数量很大时，就会有大量病菌在僵果内外存活。病菌的孢子还可以在芽鳞片间越冬。有人研究发现，花芽各层鳞片都带有链格孢菌，带菌率由外层向内层逐层递减，芽心不带病菌。翌年春季病菌的孢子经风雨传播，而在花芽越冬的病菌无需传播便可侵染。病菌是在苹果花期发生侵染的，花瓣张开后经花柱侵入。苹果发芽前不带菌，发芽后，花序伸出，花蕾迅速被病菌定殖，但花苞以内尚未暴露的花柱、花药几乎完全分离不出病菌，即未受侵染。花瓣张开后，花柱、花药即开始带菌（链格孢），随着暴露时间的延长带菌率迅速升高，至落花期，100％花柱有多种真菌定殖，其中 70％为链格孢菌。

由此可见，苹果霉心病菌首先定殖于花柱，随后在萼心间组织蔓延而侵入果实心室。有研究表明，落花后约 2 周，萼心间链格孢出现率增至 37.5％，心室组织中为 7.5％。此后，在整个果实发育期，病菌陆续进入心室，采收期有 60.7％的果实带有链格孢菌。日本研究也认为，病菌是由果实的萼筒侵染到果心的。山东农业大学研究认为，病菌对花器的侵染力极强，花丝、花瓣、花萼、雌蕊的受侵染率都达到 90％以上，多数到达果心的病菌是在花后通过病残花器蔓延至果心的。研究表明，北斗苹果霉心病病菌侵染期很长，从 4 月下旬的花期至 8 月初，病菌可连续侵染；花期至 5 月底前的幼果期，为病菌重点侵染时期。

苹果霉心病菌具有潜伏侵染的特点，即于花期侵染，多数在中后期发病。

2. 发病条件 霉心病的发生与苹果品种的关系最为密切。凡是果实的萼口开、萼筒长、萼筒与心室相通的品种都感病重；萼心闭、萼筒短、萼筒与心室不相通的品种则抗病。呼丽萍等(1995)发现，萼心间组织存在孔口或裂缝，呈开放状，且组织疏松的元帅系品种易感病；而萼心间组织无孔口或裂缝，呈封闭状，且组织紧密的国光品种不感病；普通富士、着色富士和金冠品种介于两者之间。有人将一定量的病菌直接注入果心进行人工接种，发现原抗病的品种100%发病。因此，不同品种对霉心病的抗性取决于组织结构类型。

此外，降水早、多，空气潮湿，果园地势低洼、郁闭，通风不良等条件均有利于发病。

【防治方法】 防治策略应以药剂保护为主，辅以农业防治措施。

1. 抗病品种 如果生产上允许，可因地制宜地种植抗病苹果品种。

2. 加强栽培管理 改善树冠内的通风透光条件；合理灌溉，注意排涝，降低果园空气相对湿度；配方施肥，增施有机肥，提高树势；在生长季节随时清除病果，秋末冬初彻底清除病果、僵果和病枯枝，集中烧毁。

3. 药剂防治 在苹果萌芽之前，结合其他病害的防治，对全园喷布石硫合剂，以铲除树体上越冬的病菌。于开花前喷一次杀菌剂，可选择10%多氧霉素B1 000倍液、1.5多抗霉素400～500倍液、50%抑菌脲1 000～1 500倍液、80%代森锰锌等药剂。于终花期和坐果期各喷一次杀菌剂，两次用药间隔期为10～15天。除以上药剂外，还可选用40%氟硅唑8 000～10 000倍液、70%甲基硫菌灵800～1 000倍液、50%多霉灵800～1 000倍液等。生理落果后进行疏果，疏果后再彻底喷一次杀菌剂，如麻霉素和甲基硫菌灵的混合药液，然后套袋。此次施药应避免使用乳油和波尔多液，以免污染果面。如果不套袋，则在生长季节喷施杀菌剂，重点喷洒在果实萼洼部(萼筒外口)。苹果采收后可放在45%噻菌灵悬浮剂600倍液中浸泡30秒种，取出晾干后贮藏，能起到一定防效。

4. 生物防治　有人已分离出对霉心病菌有拮抗作用的枯草芽孢杆菌菌株，并已加工成制剂(青岛农业大学研制的抗菌新星)，现已通过中试，对苹果霉心病有较好的防效，有望成为一种新型的微生物菌剂。

七、苹果根部病害

苹果的根部病害是多种病害的总称，主要有根朽病、紫纹羽病、白纹羽病、白绢病、圆斑根腐病、根癌病和毛根病。这些病害除可危害苹果外，还可以危害多种果树和树木，发病后，往往造成树势衰弱，严重时引起植株死亡。

【症　状】

1. 根朽病　主要危害根颈部和主根，并沿着根颈、主根和主干上下扩展，常常造成根茎环割现象而致使病株枯死。病部表面呈紫褐色水渍状，有时溢出褐色液体。皮层内、皮层与木质部之间充满白色至淡黄色的扇状菌丝层。新鲜的菌丝层或病组织在黑暗处可发出蓝绿色的荧光。病组织有浓厚的蘑菇气味。高温多雨季节，在潮湿的病树根颈部或露出土面的病根处，常有丛生的蜜黄色蘑菇状子实体。发病初期皮层腐烂，后期木质部也腐朽。地上部表现为局部枝条或全株叶片变小，自下而上叶片逐渐发黄甚至脱落。枝条抽梢很多，新梢变短，开花结果多，但果实小且味道淡。

2. 白绢病　该病主要发生在近地面的根颈部。发病初期，根颈皮层出现暗褐色病斑，逐渐凹陷并向周围扩展，上生白色绢丝状的菌丝层。在潮湿条件下，菌丝层可蔓延到病部周围的地面上，后期皮层腐烂，有酒糟味，在病部长出许多油菜籽状的棕褐色菌核，最终病株茎基部皮层完全腐烂，全株萎蔫死亡。地上部发病后，叶片变小发黄，枝条节间缩短，结果多而小。

3. 圆斑根腐病 多先从须根（吸收根）发病，病根变褐枯死，后肉质根受害。从吸收根开始，支根、侧根、主根依次发病。发病初期，围绕须根形成红褐色圆斑，病斑扩大，并深达木质部，整段根变黑坏死。地上部表现萎蔫、青干、叶缘枯焦、枝枯等症状。

4. 紫纹羽病 该病多从细的支根开始发生，逐渐扩展到侧根、主根、根颈甚至地上部分。发病初期，根部表面出现黄褐色不规则形斑块，皮层组织褐色。病根的表面生有暗紫色绒毛状菌丝膜、根状菌索和半球状暗褐色的菌核。后期病根皮层腐烂，但表皮仍完好地套在外面，最后木质部腐烂。病根及周围土壤有浓烈的蘑菇味。地上部表现为植株生长衰弱，节间缩短，叶片变小且发黄。病情发展比较缓慢，病树往往经过数年后才衰弱死亡。

5. 白纹羽病 先从细根开始发生，以后扩展到侧根和主根。病根表面绕有白色或灰白色的丝网状物，即根状菌索，后期霉烂根的柔软组织全部消失，外部的栓皮层如鞘状套于木质部外面，在病部有时出现黑色圆形的菌核。地上部近土面根际常出现灰白色或灰褐色的薄绒布状菌丝膜，有时上面形成小黑点（子囊壳）。病根无特殊气味。有的病株当年死亡，有的在发病 2～3 年后死亡。地下部发病后，地上部表现为树势衰弱，生长缓慢，果实生长停止，萎缩，叶片黄化早落等症状。

6. 根癌病 主要发生在根颈部，也发生于侧根和支根上。发病初期在病部形成幼嫩的灰白色瘤状物，瘤状物体积不断增大，颜色逐渐变深为褐色，组织木质化坚硬，表面粗糙，凹凸不平。

【病　原】 根朽病病原为发光假蜜环菌 *Armillariella ta-*

bescens (Scop. et Fr.) Singer，属担子菌亚门假蜜环菌属。白绢病病原为罗耳阿太菌 *Athelia rolfsii* (Curzi) Tn Kimbrough，属担子菌亚门阿太菌属。无性态为齐整小核菌 *Sclerotium rolfsii* Sacc，属无性菌类。圆斑根腐病病原主要有尖孢镰刀菌 *F. oxysporum* 和茄镰孢菌 *F. solani*。紫纹羽病病原为桑卷担菌 *Helicobasidium mompa* Tanaka，属担子菌亚门卷担菌属。白纹羽病病原有性态为褐座坚壳 *Rosellinia necatrix* (Harting) Berless，属子囊菌亚门座坚壳属，无性态为白纹羽束丝菌 *Dematophora necatrix* (Hart.) Berl.。根癌病病原为根癌土壤杆菌 *Agrobacterium tumefaciens* (Smith & Townsend) Conn，属原核生物界土壤杆菌属细菌。

【发病规律】

1. 侵染循环

(1)根朽病　病菌以菌丝及菌索在有病组织的土壤中可长期营腐生生活，在病树桩内的病菌可存活 30 年之久。病害在果园扩展主要依靠病根与健根的接触和病残组织的转移，也可以通过菌索蔓延，直接侵入或从伤口侵入根内。病菌子实体产生的大量担孢子，随气流传播，飞落在树木或残桩上，在适宜环境条件下萌发、侵入，从残桩上蔓延至根部并产生菌索，然后可直接侵入健康根部。

(2)白绢病　以菌丝体和菌核在病组织和土壤中越冬。主要靠雨水、灌溉水、土壤和菌丝的蔓延等进行近距离传播，通过带病苗木的调运进行远距离传播。在适宜的温度下，菌核萌发产生菌丝，从根部或近地面的茎基部直接侵入或从伤口侵入。

(3)圆斑根腐病　病菌为土壤习居菌，能在土壤中长期营腐生生活，当果树根系衰弱时侵染致病，随流水和土壤传播，主要通过伤口侵入。

(4)紫纹羽病　病菌以菌丝体、根状菌索或菌核在病根上或遗留在土壤中越冬。病菌在土壤中能存活多年。当接触到寄主健康根系时,便直接侵入危害。病、健根接触也可传病。担孢子寿命较短,在侵染中作用不大。

(5)白纹羽病　病菌以菌丝体、根状菌索或菌核随病根在土壤中越冬。条件适宜时,菌核和根状菌索长出营养菌丝,从根表皮孔侵入,侵染新根的柔软组织。病、健根相互接触可以传病,并可通过带病苗木调运进行远距离传播。

(6)根癌病　病原细菌可在土壤和病组织皮层内越冬,主要借雨水、灌溉水和土壤进行近距离的传播,远距离的传播靠种苗的调运,通过伤口侵入。

2. 发病条件　苹果根部病害的发生,与树龄和树势、气候条件、土壤条件关系密切。树势衰弱的果园、老果园根部病害发生重,增强树势后,根部病害减轻。一般多雨、潮湿的气候条件,有利于根部病害的发生。地势低洼,土壤瘠薄,缺肥少水,土壤板结,通透性差,利于病害的发生。地下害虫、线虫多,容易使根受伤,利于病菌的侵入,增加发病的概率。由旧林地或苗圃地改建的果园,根朽病、紫纹羽病和白绢病发病重。

【防治方法】

1. 选地建园,选用无病苗木和苗木消毒　不要在旧林地和苗圃地建果园,不要在老果园育苗。苗木要经过严格检查,剔除病苗和弱苗,或进行消毒处理。怀疑带有真菌根病的用多菌灵、甲基硫菌灵处理,怀疑带有细菌性根部病害的用链霉素、硫酸铜处理。

2. 加强果园的栽培管理,培育壮树　地下水位高的果园,要做好排水工作,雨后及时排除积水。合理施肥,避免偏施氮肥,氮、磷、钾肥要配合使用,增施有机肥。合理修剪,合理负载,及时防治其他病虫害,保证果树健壮生长。

3. 病树治疗　经常检查果园,发现病树要立即处理,防止病害扩展蔓延。寻找发病部位,彻底清除所有病根,对伤口进行消毒，再涂以波尔多液等保护剂，用无病土或药土(用五氯硝基苯以1∶50～100的比例与换入新土混合而配制)覆盖。常用消毒剂有硫酸铜、石硫合剂、多菌灵等。

4. 隔离病菌和土壤消毒　在病株周围挖1 m以上的深沟加以封锁，防止其传播蔓延。每年在早春和夏末分两次进行药剂灌根。灌根时，以树干为中心，开挖3～5条放射状沟，沟长以树冠外围为准，宽30～50 cm，深70 cm左右。有效药剂主要有：五氯硝基苯、恶霉灵、松酯酸酮、甲基硫菌灵、代森铵等。用K84菌液在栽前、发病前灌根和穴施，或处理苗木，可有效预防根癌病的发生。

5. 清除病株　对严重发病的果树，应尽早清除。病残根要全部清除、烧毁，并用甲醛消毒病穴土壤。如病死树较多，病土面积大，可用石灰氮消毒。

八、苹果苦痘病和痘斑病

苹果钙素营养失调所诱发的多种不良表现，在全国各苹果产区均有发生，一般病果率为20%～30%，在敏感品种上甚至超过50%，严重影响苹果的外观及质量。

【症　状】　苹果钙素营养失调主要表现在果实上，其中以苦痘病和痘斑病最严重；皮孔膨大、隆起、横裂导致果皮粗糙，也是低钙的重要表现。

苦痘病初期皮孔颜色较深，红色果实上呈暗红色，绿色或黄色果实上呈浓绿色，四周有紫色或黄绿色晕。此时纵切，可见皮孔下组织坏死，呈褐色海绵状，深入果实3～5 mm；后期随着果实组织失水，病部下陷，表皮坏死，形成近圆形褐色凹陷斑块，直径0.5～1cm。有时在深层果肉中也可发现褐色海绵状坏死斑块。病组织味苦，不堪食用。

痘斑病的基本特点与苦痘病类似，病斑较小，较浅，较多，果实顶部病斑较密。

裂皮病从果实加速膨大期开始表现症状，近成熟期更为明显。初期果实皮孔膨大，隆起，果皮较粗糙；后期皮孔横裂，果面布满横向裂纹。裂纹很浅，不深入果肉。严重时，果柄周围也会出现深入果肉的裂缝。

【发病特点】

1. 土壤　一般土壤含钙比较丰富，但在碱性土壤中，多以不溶于水的碳酸钙形态存在，植物难于吸收利用。土质黏重，透气性差，根系发育不良，影响钙的吸收。土壤中营养要素不均衡，铵、钾、镁过量，与钙发生拮抗，也影响钙的吸收。

2. 管理　植物体吸收的钙主要通过蒸腾作用向上运输，水分状况和蒸腾作用对钙在各器官、组织中的分配起决定作用。苹果果实由于蒸腾速率低，更易表现缺钙症状。在植物体内，钙不但分布不均，而且移动性很差，叶中的钙很难向果实移动。过量施用氮肥、灌溉不当、修剪过重，导致营养枝生长过旺，必然加剧叶对钙的吸收竞争，致使果实更难吸收钙素。因此，加强夏剪，控制营养枝过旺，有利于钙向果实运输。结果枝叶片的蒸腾作用有助于增加果实中钙的积累，较长果台枝的果实含钙量较高，短果枝摘叶处理可使果实含钙量降低。果实套袋，如果袋的设计不合理，就会导致袋中果实温度高，呼吸强度大，消耗大量的钙元素，也会加重该病的危害。

3. 品种　不同苹果品种及砧木与发病程度有关。国光、富士、秋金星、冰糖、君袖、伏花皮等发病较重，尤以国光和富士为甚；元帅系和秦冠发病中等；金冠、醇露等较轻。据国外报道，橘苹品种嫁接在 M16 或 M15 砧木上比嫁接在 MM106、M112、MM114 砧木上发病重。

【防治方法】

1. 栽培管理　采取适当的栽培管理措施，促进钙的吸收和有效分配，是防止缺钙症发生的关键环节。增施有机肥、种植绿肥、果园铺草等措施，可以改良土壤理化性质，促进根系发育，有利于钙的吸收利用；进行配方施肥，不偏施氮肥，尤其是铵态氮肥，避免有害元素与钙离子拮抗，也有利于钙的吸收利用；合理修剪，加强夏剪，控制枝叶过旺，有利于钙元素向果实转移。

2. 叶面施钙肥　生长期喷施钙肥，及时补充钙素营养，增加果实钙含量，才能控制该病的发展。有效药剂较多，如高效钙、速效钙、氨基酸钙等。喷施无机钙盐，如硝酸钙、氯化钙等，一般使用400倍稀释液较为安全。从落花后开始，10～15天一次，全生育期喷施4～7次，会有较好的效果。

3. 土壤施肥　在土壤偏碱性的果园，土壤中可溶性钙盐含量很低，应适当施用，加以补充。苹果落花前后，施用硝酸钙150～300 g/株，有较好的防治效果。

九、苹果黄叶病

【症　状】　苹果黄叶病症状多从新梢嫩叶开始，初期叶肉变黄，但叶脉仍保持绿色。随着病势的发展，叶片全部变成黄白色，严重时叶片边缘枯焦，甚至新梢顶端枯死，影响果树正常生长。

【发病规律】

1. 黄叶病轻重与土质有关　发生苹果黄叶病的主要原因是土壤中缺乏果树可以吸收的铁元素，因此发病轻重与土壤条件关系极大。一般砂壤土地栽植的果树发病轻，盐碱土或土壤内含石灰质过高，均可使可溶性二价铁变成不溶性三价铁盐而沉淀，使果树无法吸收利用。

2. 病害轻重因砧木而异　不同的砧木种类，抗碱能力和对铁元素缺乏的敏感性差异很大，因此黄叶病的发生轻重也因砧木的不同而有明显差异。如用海棠作砧木的苹果树黄叶病发生较轻，而用山定子作砧木的苹果树黄叶病发生较重。

【防治方法】

1. 园地和苗木的选择 建园地址应选择疏松的砂壤土地块，避免在地下水位高的地块或盐碱地栽植。选购或培育苗木时，不仅要选择品种，而且要选择砧木，即选择不容易发生黄化的砧木，如海棠、萘子、楸子等。

2. 土壤改良和土壤管理 春季干旱时，注意灌水压碱，以减少土壤含盐量。低洼地要及时排除盐水，用含盐量低的水浇灌，灌后及时松土。增施有机肥料，树下间作绿肥，以增加土壤中的腐殖质含量，改良土壤结构及理化性质，解放土壤中的铁元素。

3. 土施铁肥 目前，生产上常用的铁肥是硫酸亚铁，一般用量为：5 年生以上的树，株施铁溶液，或硫酸铜、硫酸亚铁和石灰混合液（硫酸铜 1 份、硫酸亚铁 1 份、生石灰 2.5 份、水 320 份）。果树生长季节，可叶面喷施 0.1%～0.2%硫酸亚铁溶液，或 0.2%～0.3%植物营养素，间隔 20 天一次，每年喷施 3～4 次；或在果树中、短枝顶部 1～3 片叶开始失绿时，喷施 0.5%尿素加 0.3%硫酸亚铁混合液，效果显著，也可在树上果实直径 5 mm 大小时，喷施 0.25%硫酸亚铁加 0.05%柠檬酸加 0.1%尿素混合液，隔 10 天再喷一次，病叶可基本复绿。

4. 树干注射铁肥 此法适用于 5 年生以上的大树，其方法是：首先在树上打孔，孔的直径为 7 mm，深度为 5～6 cm，一般为树干周围每隔 120°角打一个孔，每株树打 3 个孔，用铁丝钩将木屑掏干净，将喷雾器的出水接口用锤子钉进打好的孔中，然后将踏板式喷雾器中充满的稀释好的药液（果树复绿剂用蒸馏水或软水稀释成 20 倍液，或 0.05%～0.08%硫酸亚铁水溶液），与出水接口连通，即可进行注射。每株成龄树注射 1 L，初果期树酌减。

5. 埋瓶法　强力注射法对5年生以下的小树不宜采用。近年来，濮阳县果树技术员秦广书、甘洪波等利用埋瓶法防治苹果、桃树黄叶病，收到了良好效果。具体方法是：将0.1%硫酸亚铁水溶液灌入聚酯瓶中，每瓶容量约500 mL，于距树干1 m以外的周围刨出黄化树的根系，将其插入瓶中，用塑料薄膜封口后埋土，每株树周围埋瓶3～4个，隔5天左右取出空瓶。实践证明：于5月中下旬采用此法防治，7～10天后，黄叶可基本复绿。

十、苹果小叶病

【症　状】　主要表现在苹果的枝条、新梢和叶片上。病枝春季不能抽发新梢，俗称"光腿"现象，或抽生出的新梢节间极短，梢端细叶丛生成簇状，叶缘向上卷，质厚而脆，叶色浓淡不均且呈黄绿色，或浓淡不均，甚至表现为黄化与焦枯。

【发病规律】　该病由缺锌所致；沙地，土壤瘠薄，含锌量少，可溶性锌盐易流失，发病重；氮肥施用过多，土壤黏重，均可加重小叶病。

【病害控制】　缺锌引起的小叶病，要通过改良土壤和补充锌肥进行防治。主要措施有：增施有机肥，改良土壤，保证花期和幼果期水肥适当，增强树势；结合秋季施肥，补充锌肥，适当控制氮肥使用量；早春树体未发芽前，在主干、主枝上喷施0.3%硫酸锌加0.3%的尿素溶液；萌芽后对出现小叶病症状的叶片及时喷施0.3%～1%硫酸锌溶液。

对不合理修剪导致的小叶病，主要采取如下措施进行防治：①正确选留剪锯口，避免出现对口伤、连口伤和一次性疏除粗度过大的枝。②对已经出现因修剪不当而造成小叶病的树体，修剪时要以轻剪为主。采用四季结合的修剪方法，缓放有小叶病的枝条，不能短截，加强综合管理，待2～3年枝条恢复正常后，再按常规修剪进行;也可用后部萌发的强旺枝进行更新。③对环剥过重、剥口愈合不好的树,要在剥口上下进行桥接,并对愈合不好的剥口用塑料膜包严。④严格控制树体的负载量,保持树势健壮。

第二节 苹果害虫及防治

一、山楂叶螨

【分布与为害】 山楂叶螨 *Tetranychus viennensis* Zacher,又称山楂红蜘蛛、樱桃红蜘蛛,属于蛛形纲真螨目叶螨科。分布很广,遍及我国南北各地。寄主植物有苹果、梨、桃、杏、山楂、樱桃、核桃、樱花等。山楂叶螨和苹果红蜘蛛、二斑叶螨等都是果树上重要的红蜘蛛类害虫,发生普遍,危害严重,常造成苹果叶片枯焦和早期脱落,严重削弱树势,对苹果产量和品质影响极大。

山楂叶螨以成螨、若螨和幼螨刺吸叶片的汁液,大多先从叶背近叶柄的主脉两侧开始为害,出现许多黄白色至灰白色失绿小斑点,其上有丝网,严重时扩大连成一片,成为大枯斑,导致叶片呈灰褐色,迅速焦枯脱落(苹果红蜘蛛为害时,受害叶片不脱落)。常造成果树二次发芽开花,削弱树势,不仅当年果实不能成熟,还影响花芽形成和翌年的产量。

【形态特征】

1. 雌成螨 体长 0.5 mm,宽 0.3 mm。前体部与后体部交界处最宽,体背前方稍隆起。身体背面共有刚毛 26 根,分成 6 排,刚毛细长,基部无瘤。足黄白色,比体短。雌虫有冬型、夏型之分。冬型体色鲜红,略有光泽;夏型雌虫初蜕皮时体色红,取食后变为暗红色。

2. 雄成螨 体长 0.4 mm,宽 0.25 mm,身体末端尖削,初蜕皮时为浅黄绿色，逐渐变为绿色及橙黄色。体背两侧有墨绿色斑纹2条(图3-1)。

3. 卵　圆球形，橙红色，后期产的卵颜色浅淡，为橙黄色或黄白色。

4. 幼螨　有足3对，体圆形，黄白色，取食后变为淡绿色。

5. 若螨　足4对，前期若螨体背开始出现刚毛，两侧有明显的墨绿色斑纹，并开始吐丝。老熟若螨可辨别雌雄，雌的身体呈卵圆形，淡绿色，雄螨身体末端尖削。

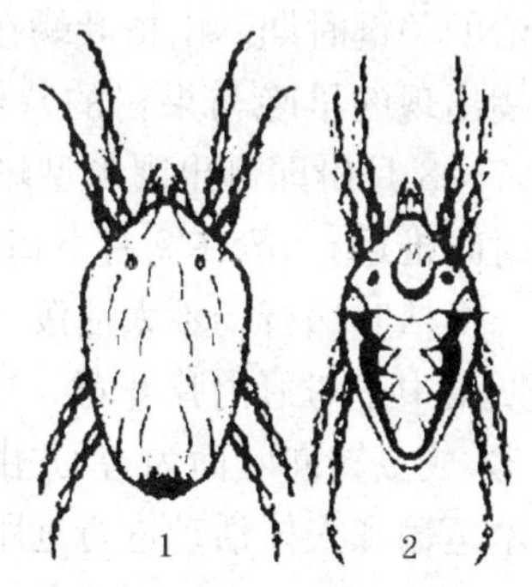

图3-1　山楂叶螨形态

1. 雌成螨　2. 雄成螨

【发生规律】　山楂叶螨在北方果区一般1年发生5～13代，如辽宁1年发生4～5代，河北1年发生5～6代，山西1年发生6～7代。山楂叶螨均以受精雌成螨在主干、主枝、侧枝的老翘皮下及主干周围的土壤缝隙内越冬。在大发生年份，还可潜藏在落叶、枯草或石块下越冬。翌年春天当苹果芽膨大时，越冬雌虫开始活动，出蛰上树。当芽开绽后露出绿顶时，即转到芽上为害，展叶后即转到叶片上为害。越冬雌成螨出蛰的早晚和延续时间的长短，直接受早春气温的影响。一般当日平均气温达9℃～10℃，苹果芽膨大露绿时，山楂叶螨开始出蛰为害芽(华北地区4月上旬前后)，苹果树展叶到花序分离至初花期(华北地区4月中旬前后)是越冬成螨出蛰盛期，整个出蛰期达40余天。越冬雌成螨出蛰期是防治的第一个关键时期，出蛰成螨为害嫩叶7～8天后开始产卵，盛花期为产卵盛期，卵期8～10天，落花后7～8天卵基本孵化完毕，出现第一代幼螨和若螨，而且发生比较整齐，是该虫防治的第二个关键时期。此后各代重叠发生。随着气温增高，发育速度也加快，在夏季来临前虫口密度往往显著增加。进入高温季节，若不及时控制，将形成全年发生高峰。因此，高温季节来临前又是一个防治的关键时期。山楂叶螨在 8～10 月份产生冬型成虫。冬型雌成螨出现的早晚与果树的营养状况有密切关系。果树受害严重时，7～8 月份即可出现冬型雌成虫；果树受害轻微时，冬型成虫出现时间推迟，一般在 9 月下旬才出现冬型成虫。

山楂叶螨行动不太活泼，常群栖叶背为害，并吐丝拉网。发生初期集中于树冠内膛叶背。虫口密度较大时，由于叶背营养条件变劣，成虫转向叶面为害，并由树冠内膛扩散到外围。山楂叶螨随苗木运输和人体活动进行远距离传播，近距离则靠吐丝拉网，随风扩散。

【预测预报】 在果园有代表性的地点，选择 3 株受害较重的树，每株标定 10 个内膛枝顶芽，从越冬雌虫出蛰开始，每天观察 1 次爬上芽的雌虫数量，同时须将芽上的雌虫挑除。当发现有雌虫开始上芽时，就要发出出蛰预报。上芽雌虫数量剧增时(一般在苹果开花前 1 周)，发出出蛰盛期预报，立即进行防治。

【防治方法】 防治山楂叶螨应从果园生态系统全局考虑，在做好休眠期防治和虫情测报的基础上，根据该虫的发生规律，抓住苹果开花前后和麦收前的 3 个关键时期，适期喷药，同时注意后期防除，以压低越冬虫口，有效控制红蜘蛛的为害。

1. 人工防治 在山楂红蜘蛛越冬前，在树主干或主枝上绑缚草把，诱集越冬雌螨。草把要上松下紧，待雌螨越冬结束后，将草把解下烧毁。同时，刮除粗老翘皮，及时清除落叶并对杂草进行深埋，也可以消灭山楂红蜘蛛的越冬雌螨。

2. 药剂防治

(1)果树休眠期 在苹果树萌芽前，应用 3～5 波美度石硫合剂或 20 号柴油乳剂 30 倍液，喷洒枝干。

(2)果树生长期 防治应在越冬雌成螨出蛰活动盛期和第一

代卵孵化盛期这两个关键时期进行。

在苹果开花前1周，即苹果树花蕾膨大、花序分离期，谢花后7～10天和苹果落花后25天左右喷药，喷药时，使叶片正、反两面着药均匀，可有效控制红蜘蛛为害。苹果开花前用0.4～0.5波美度石硫合剂。6月中下旬是叶螨种群上升最快的时期，世代重叠较为严重，应选择对各虫态都有杀伤效果的药剂。可选用的药剂有：20%甲氰菊酯1000～2000倍液、1.8%阿维菌素4000～5000倍液、噻螨酮（尼索朗）、50%四螨嗪5000倍液、15%哒螨酮3000～4000倍液。上述药剂应轮换使用，以防红蜘蛛产生抗药性。

3. 生物防治　山楂叶螨天敌很多，常见的有天敌昆虫、捕食螨类和病原微生物，应注意保护利用。

二、苹果绵蚜

【分布与为害】　苹果绵蚜 *Eriosoma lanigerum* Hausmann，又称血蚜、赤蚜，俗称棉花虫，属于同翅目瘿绵蚜科。苹果绵蚜是国家二类检疫对象，是目前果树生产上的重要害虫之一。原产北美洲，20世纪20年代传入我国，在我国主要分布在山东、河北、辽宁和四川等地。其寄主植物主要有苹果、野苹果、海棠、花红、山定子和山楂等，在原发地还可为害洋梨、李、山楂、榆、花椒和美国榆。我国在20世纪80年代对苹果绵蚜已基本控制其为害，近年来部分管理粗放的果园苹果绵蚜又开始猖獗发生。

苹果绵蚜主要以成虫、若虫吸取寄主枝干、果实和根系的汁液为害。受害处有一簇白色棉絮状物，剥掉后可见红褐色虫体。受害组织因受刺激而形成虫瘿。在根上多为害近地面的根及根蘖苗，受害处呈瘤状；在枝干多为害嫩皮和愈伤组织，出现瘤状突起；在枝条上多为害芽，出现小瘤。虫瘿增大破裂后，易引发其他病虫的侵害，叶柄受害后变黑，叶片脱落；果实受害多在萼洼处，常导致发育不良。

【形态特征】

1. 无翅胎生雌蚜 体长1.8～2.2 mm,近椭圆形,肥大,红褐色,体侧有瘤状突起,无额瘤(图3-2)。体被白色蜡质绵状物。触角6节,无环状感觉器。复眼红黑色,有眼瘤。腹部背面有4条纵列的泌蜡孔,可以分泌白色蜡质丝状物。该蚜在寄主树上为害时如挂绵绒,腹管退化仅有痕迹。

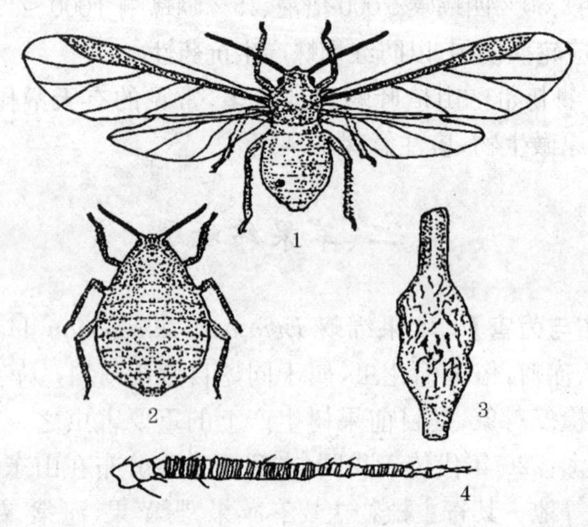

图3-2 苹果绵蚜

1. 有翅胎生雌蚜 2. 无翅胎生雌蚜
3. 被害状 4. 有翅雌蚜触角侧面观

2. 有翅胎生雌蚜 体长1.7～2 mm,暗褐色,头及胸部黑色,体上被白色绵状物,触角6节,3～6节上生有多个环形感觉圈,前翅中脉有一分支,翅脉与翅痣均为棕色,腹管退化为环状黑色小孔。

3. 有性蚜　雌虫体长 1 mm,宽 0.4 mm,淡黄褐色,头、触角、足均为淡黄绿色,腹部红褐色,被少许绵状物,触角 5 节。雄蚜体长 0.7 mm,黄绿色,触角 5 节。

4. 若蚜　共 4 龄。一龄时为扁平圆筒形,黄褐色,体长 0.65 mm;二龄后渐变为圆锥形,红褐色,触角 5 节,二龄体长 0.8 mm;三龄体长 1 mm,四龄体长 1.45 mm,体上有白色蜡绵。有翅若蚜与无翅若蚜三龄以下难以区分,到四龄时,有翅若蚜体上有两个黑色翅芽。

5. 卵　长 0.5 mm 左右,宽 0.2 mm 左右,椭圆形,一端略大,精孔突出,表面光滑,外被白粉。初产时为橙黄色,渐变为褐色。

【发生规律】　苹果绵蚜原产于美国种植美国榆的地区。冬季以卵在榆树的粗皮裂缝里越冬,翌年早春卵孵化为干母,在榆树上繁殖为害 2～3 代后,产生有翅蚜,迁至苹果树上为害。行孤雌胎生繁殖,至秋末产生有翅蚜,迁回榆树,产生有性蚜,雌、雄交尾后产卵越冬。

在世界无美国榆树的地区,其生活习性有所改变,而以一至二龄的若虫在苹果树枝干的病虫伤疤或剪锯口、土表根际等处越冬,无转换寄主现象。

苹果绵蚜在华北地区 1 年发生 14～16 代。翌年春季 4 月上旬苹果树开始萌芽时,越冬绵蚜即开始活动,繁殖为害。5 月下旬至 7 月上旬,苹果绵蚜大量繁殖为害,此时为全年第一次发生高峰期。7 月中旬至 8 月中旬,气温较高,不利于绵蚜繁殖,同时因其主要天敌蚜小蜂(日光蜂)的大量寄生,使苹果绵蚜种群数量显著下降。8 月下旬至 10 月中下旬,随着苹果秋梢的生长和天敌日光蜂的减少,蚜小蜂数量减少,绵蚜的数量又急剧增加,在 10 月份形成第二次发生高峰。11 月份以后,气温下降,苹果绵蚜也随之进入越冬期。

苹果绵蚜的远距离传播,主要靠接穗、苗木、果实及其包装物、果筐、果箱的运输实现,近距离主要靠有翅成蚜的迁飞或随风雨等传播。另外,果园劳动工具、衣帽及修剪下带有苹果绵蚜的残枝与叶片,均可成为传播该虫的媒介。

【防治方法】

1. 加强植物检疫　严格进行产地检疫和调运检疫。对来自疫区的苗木、接穗、果实及包装物等,要查验其植物检疫证书,并进行必要的复检,发现疫情要及时处理。建立无虫苗木繁育基地,供应健康苗木和接穗,是防止苹果绵蚜远距离传播扩散的有效办法。

2. 加强果园管理　科学修剪,改善果园的通风透光条件,及时刮除粗翘皮,刮治腐烂病斑,剪除树体枝条上的绵蚜群落,铲除苹果树及海棠、沙果树等根蘖苗,并带出果园销毁。

3. 保护利用天敌　苹果绵蚜有很多天敌,如蚜小蜂、七星瓢虫、异色瓢虫、草蛉等。其中蚜小蜂是一种重要天敌,发生期长,繁殖快,控制能力强,对苹果绵蚜有较强的抑制作用。7～8 月份是苹果绵蚜蚜小蜂的繁衍寄生高峰期,对苹果绵蚜的寄生率高达 70%～80%,可使苹果绵蚜的种群数量显著下降。此时期果园应注意选择药剂及施药方法,以充分保护利用天敌,抑制苹果绵蚜发生,控制为害。

4. 化学药剂防治

(1)树上喷药　在生长季节防治树上苹果绵蚜有两个关键时期。一是苹果展叶至初花期,此期是越冬绵蚜开始活动盛期,发生比较整齐;二是 5 月中下旬为绵蚜蔓延阶段,6 月初为绵蚜二次迁移盛期,此期喷药,防效最好。其他时期要根据苹果绵蚜的发生程度,结合防治其他害虫及时喷药。较好的药剂有 48%毒死蜱 1 200～1 500 倍液、10%吡虫啉 3 000～4 000 倍液等。因为苹果绵蚜分泌大量蜡质物,所以在药液中加入 0.1%～0.3%的展着剂(如洗衣粉、洗涤灵等),以提高防治效果。

(2)树下处理　苹果绵蚜发生较重的果区,可于果树发芽前将树干周围 1 m 内土壤刨开，露出根部，每株撒施 5%辛硫磷颗粒剂 2～2.5 kg，原土覆盖，杀灭根部蚜虫。也可在 5 月上旬越冬若虫开始活动时用药剂灌根，每株树灌药液量 10L 左右，使树干周围地面直径 1 m 范围内的药液渗透深度达 15 cm 左右，消灭土壤内的蚜虫。

(3)药剂涂干　将树干基部老皮削刮出一道宽 10 cm 左右的环，露出韧皮部，然后用毛刷涂抹药液，每株树涂药液 5 ml，涂药后用塑料布或废报纸包扎好，通过内吸作用达到杀虫目的。适宜药剂有 10%吡虫啉 30～50 倍液。涂药时间以蚜虫为害初期为准，并将刮下的翘皮集中烧掉。

在施药中，喷雾必须均匀周到，压力要大些，喷头直接对准虫体，将其身上的白色蜡质毛冲掉，使药液触及虫体，以提高防治效果。同时，要注意科学合理用药，轮换用药，安全用药，以充分发挥药剂的增效、兼治作用，减缓抗药性。

三、苹果黄蚜

【分布与为害】　苹果黄蚜 *Aphis citricola* Van der Goot，又称绣线菊蚜、苹叶蚜虫。属于同翅目蚜科。此虫分布广泛，北起黑龙江、内蒙古，南到台湾、广东、广西。对一些常见园林植物和果树造成危害，如绣线菊、麻叶绣球、榆叶梅、海棠、樱花、苹果、山楂、柑橘、枇杷、李、杏等，不仅影响园林景观，还造成果树减产。

苹果黄蚜以成虫和若虫群集刺吸新梢、嫩芽和叶片的汁液。叶片被害后向背面横卷，影响新梢生长及树体发育，严重时造成树势衰弱。

【形态特征】

1. 无翅孤雌胎生蚜　体长 1.6～1.7 mm，宽 0.95 mm 左右。体近纺锤形，为黄色、黄绿色或绿色。头部、复眼、口器、腹管和尾片均为黑色，口器伸达中足基节窝，触角显著比体短，基部浅黑色，无次生感觉圈。腹管圆柱形，向末端渐细，尾片圆锥形，生有10根左右弯曲的毛，体两侧有明显的乳头状突起，尾板末端圆，有毛12～13根(图3-3)。

2. 有翅孤雌胎生蚜　体长1.5～1.7 mm，翅展4.5 mm左右，体近纺锤形，头、胸、口器、腹管、尾片均为黑色，腹部为绿色、浅绿色、黄绿色，复眼暗红色，口器黑色，伸达后足基节窝。触角丝状，6节，较体短，第三节有圆形次生感觉圈6～10个，第四节有2～4个，体两侧有黑斑，并具明显的乳头状突起。尾片圆锥形，末端稍圆，有9～13根毛。

3. 卵　椭圆形，长径0.5 mm左右，初产时浅黄色，渐变为黄褐色、暗绿色，孵化前为漆黑色，有光泽。

4. 若虫　鲜黄色，无翅若蚜腹部较肥大，腹管短，有翅若蚜胸部发达，具翅芽，腹部正常。

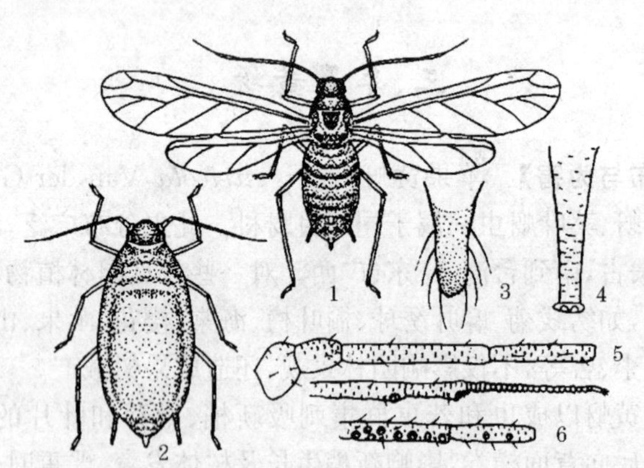

图3-3　苹果黄蚜

有翅孤雌蚜：1. 成虫　6. 触角3、4节

无翅孤雌蚜：2. 成虫　3. 尾片　4. 腹管　5. 触角

【发生规律】 苹果黄蚜属留守式蚜虫，整年留守在一种或几种近缘寄主上完成其生活周期，无转移寄主现象。

该虫1年发生10多代，以卵在枝杈、芽旁及树皮裂缝处越冬，以2～3年生枝条的分叉和鳞痕处卵量为多。翌年春天，寄主植物萌芽后，越冬卵孵化为干母，并群集在新芽、嫩梢、新叶的叶背为害，10余天后即可胎生无翅蚜虫，称之为干雌。干雌产生有翅和无翅的后代，有翅型转移扩散。初期繁殖较慢，产生的多为无翅孤雌胎生蚜，5月下旬可见到有翅孤雌蚜。6～7月份，由于温、湿度条件适合，繁殖速度明显加快，虫口密度显著提高，在枝梢、叶背、嫩芽上蚜虫群集为害。8～9月份雨量较大，虫口密度下降。至10月份开始产生雌雄两性蚜，交尾后，在枝条芽或树皮裂缝处产卵越冬。每头雌蚜产卵1～6粒。

苹果黄蚜发育起点温度为5℃，最适温度为25℃。干旱对苹果黄蚜发育和繁殖有利。如果夏至前后降水充足，雨势较猛，会使虫口密度大大降低。

苹果黄蚜有趋嫩性，多汁的新芽、嫩梢和新叶上蚜虫的发育与繁殖均快。当群体拥挤、营养条件太差时，则发生数量下降或向其他新的嫩梢转移分散。因此苗圃和幼龄果树发生常比成龄树严重。苹果黄蚜对苹果树的不同品种也有选择性，如国光、红玉受害较重，而花红等品种受害较轻。另外，天敌等对苹果黄蚜的发生也有一定的抑制作用。

【防治方法】

1. 农业防治 由于苹果黄蚜以卵在枝杈、芽旁及树皮裂缝处越冬，因此，果树落叶至翌年萌芽期间，是防治的最佳时间，结合秋、冬季果园管理，采用涂干、刮树皮、冬剪等措施进行防治，破坏越冬虫态，降低虫口密度。

在果树生长期，苹果黄蚜多集中在嫩芽新梢处为害，应结合农事操作，剪除蚜口数量较多的新梢。

2. 化学防治

(1)药液涂环　在果园内点片发生蚜虫时,或天敌数量较大时,可采用药液涂环措施。方法是:将树干刮除翘皮,涂上6 cm宽的药环,涂后用塑料膜包扎,蚜虫可在10天后死亡。药剂可选用40%乐果乳油5～10倍液。早春果树发芽前,可喷5%柴油乳剂杀死越冬卵。

(2)喷药防治　该虫发生严重时,结合防治其他的蚜虫类害虫,在果园内进行药剂防治。常用的药剂,有毒死蜱、啶虫脒、抗蚜威和吡虫啉等。

3. 生物防治　保护并利用天敌。自然界中存在不少蚜虫的天敌,如七星瓢虫、龟纹瓢虫、叶色草蛉、大草蛉、中华草蛉以及一些寄生蚜和多种食蚜蝇,这些天敌对抑制蚜虫的发生具有重要的作用,应加以保护。

四、桃小食心虫

【分布与为害】　桃小食心虫 *Carposina niponensis* Walsingham,简称"桃小",又称桃蛀果蛾、桃小食蛾、苹果食心虫、桃食卷叶蛾等。属于鳞翅目蛀果蛾科。此虫分布广泛,在东北三省,河北、河南、山东、安徽、江苏、山西、陕西、甘肃、青海和新疆等果区,都有发生,是我国北部、西北部果区的主要害虫。其寄主有10多种,包括苹果、梨、山楂、花红、桃、李、枣、酸枣等,其中以苹果、枣、酸枣、山楂受害最重。在管理粗放的梨园中,虫果率高达50%以上,严重影响果实的质量和产量。

桃小食心虫为害苹果时,多从果实的胴部或顶部蛀入,2～3天后从蛀入孔流出水珠状半透明的果胶滴,不久胶滴干涸,在蛀入孔处留下一小片白色蜡质物,俗称"淌眼泪"。随着果实的生长,蛀入孔愈合成一针尖大的小黑点。幼虫蛀果后,在皮下及果内纵横潜食，果面上显出凹陷的潜痕，明显变形，造成畸形，称"猴头果"。幼虫在发育后期，食量增加，在果内纵横潜食，并排泄大量虫粪在果实内，造成所谓的"豆沙馅"。幼虫老熟后，在果实表面咬一直径为2～3 mm 的圆形脱落孔，孔外常堆积红褐色的新鲜虫粪。

【形态特征】

1. 成虫　体长 5～8 mm，翅展 13～18 mm。虫体灰白色或浅灰褐色。前翅近前缘中部，有一蓝黑色近乎三角形的大斑，翅基部和中部有 7 簇黄褐色或蓝褐色的斜立鳞毛。后翅灰白色，缘毛长，浅灰色(图 3-4)。

2. 卵　竖椭圆形或桶形，深红色。卵壳上有许多不规则近似椭圆形的刻纹，顶部环生 2～3 圈"Y"状毛刺。

3. 幼虫　老熟幼虫体长 13～16 mm，虫体为桃红色，幼龄幼虫体色淡黄色或白色。前胸侧毛粗，2 根。第八腹节的气门较其他各节的更靠近背中线。腹足趾钩排成单序环状，无臀栉。

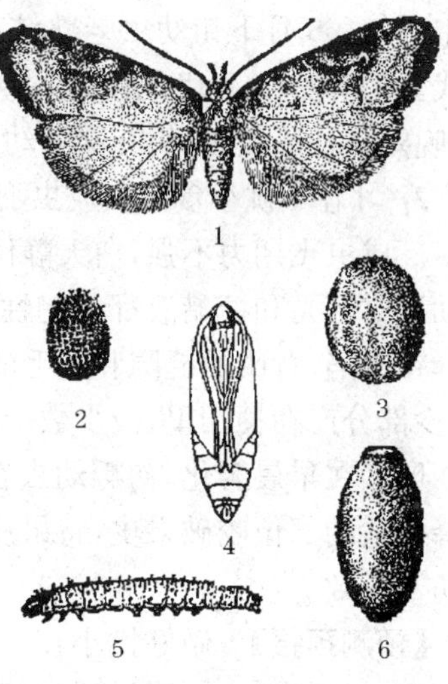

图 3-4　桃小食心虫

1. 成虫　2. 卵　3. 冬茧
4. 蛹　5. 幼虫　6. 夏茧

4. 蛹　长 6～8 mm，淡黄色至褐色。茧分两种：越冬茧扁椭圆形，质地紧密，由幼虫吐丝缀合土粒而成；夏茧纺锤形，质地疏松，一端留有羽化孔，又称"蛹化茧"。

【发生规律】

1. 生活史　桃小食心虫在我国北方 1 年发生 1～2 代。以老熟幼虫在树干周围浅土内做扁圆形冬茧越冬。翌年春天平均气温达16℃、地温达19℃时，越冬幼虫开始出土，出土后多在根际附近的土块、杂草等缝隙下做纺锤形的夏茧，并在其中化蛹。越冬幼虫出土盛期在5月中下旬和6月上中旬，出土时间不整齐，是前后世代重叠的重要原因之一，也为防治工作带来很大的困难。6～7月份成虫大量羽化，夜间活动，趋光性和趋化性都不明显。6月下旬产卵于苹果、梨的萼洼和枣的梗洼处。初孵幼虫先在果面爬行，啃咬果皮，但不吞咽，然后蛀入果肉纵横串食。蛀孔周围果皮略下陷，果面有凹陷痕迹。7～8月份为第一代幼虫为害期，盛期在8月中下旬。8月下旬幼虫老熟结茧化蛹，8月份至10月初发生第二代。1年发生1代地区，脱果幼虫随即滞育，结越冬茧越冬。中、晚熟品种采收时，仍有部分幼虫在果内，随果实进入贮存场所。

2. 习性 桃小食心虫成虫羽化多在18时以后，以19～21时最多。成虫飞翔力不强，白天静伏在枝叶背面和草丛中，傍晚飞翔活动。对灯光和糖醋液都无趋性，但对性诱剂有强趋性。成虫多选择在凹陷、背阴的缝隙和多毛的部位产卵，多数产在果实的萼凹处，少部分产在梗凹里，极少数产在果实胴部和果柄上。

卵多在早晨孵化，初孵幼虫在果面上爬行30分钟至数小时，选择合适的部位咬破果皮，将果皮丢在一边并不吞食，所以用胃毒剂防治无效。

【预测预报】 做好桃小食心虫的预测预报工作，掌握防治最佳时期，对提高防治效果是非常重要的。

1. 越冬幼虫调查 在园中选择上年受害严重的果树5～10株，在树冠下采用盖瓦片法或埋茧法观察幼虫出土情况。

(1)*盖瓦片法* 将树冠下地面整平，耙细树盘，在离树干60 cm的范围内，每株绕树干呈梅花状均匀摆放3～4块瓦片。从5月上旬开始，每隔1天观察1次，并记载瓦片下出土幼虫或者夏茧的数量，幼虫出土猛然增加时为出土高峰，也为地面防治的最佳时间。

(2)埋茧法　以树干为中心，在半径 1 m 范围内，分不同深度在土壤中埋越冬茧，然后笼罩，每天定时观察记录越冬幼虫出土数量。

2. 成虫发生期调查　采用对角线五点取样法，在果园中部选 5 株苹果树，树间距 50 m×50 m，将性诱剂诱捕盆悬挂在树冠外围距地面 1.5 m 的树荫处。将桃小诱芯挂在盆中央，盆中倒入 0.1%洗衣粉水，水面距诱芯 1cm，桃小越冬幼虫出土时，将诱盆挂出，注意观察每天成虫诱集情况，记载羽化成虫数量，预测成虫羽化高峰。

3. 卵果率调查　在果园内选取 5 株代表果树，每株按东、西、南、北、中取 5 枝，每枝上固定观察果实 50 个，从诱到第一头成虫开始，每隔 1 天调查 1 次卵果率。

【防治方法】　根据桃小在树上蛀果为害和在土壤中越冬的特点，防治桃小食心虫应采取树上防治和树下防治相结合、园内防治与园外防治相结合，药剂防治和人工防治相结合，苹果树防治和其他果树防治相结合的综合防治措施。

1. 地面防治

(1)秋冬季处理防治　根据桃小食心虫越冬茧、夏茧集中在果树根际土壤中的习性，在越冬幼虫出土前或第一代幼虫脱果入土化蛹时，在根际周围 1m 的地面扒开 13～16 cm，或者培土约 30cm 厚，可以消灭土壤中的幼虫(蛹)，或使幼虫(蛹)窒息死亡。或用宽幅地膜覆盖在树盘上，防止越冬代成虫飞出产卵。此法如与地面药剂防治相结合，效果更好。

(2)药剂防治　在越冬幼虫出土前夕，或当越冬幼虫连续出土 3～5 天，且出土数量逐日增加时，或利用桃小性诱剂诱到第一头成虫时，采用撒毒土的方法向树盘及树冠下喷施药剂，杀死出土越冬幼虫时，每 667m^2 用 15%乐斯本颗粒剂 2kg，或 50%辛硫磷乳油 500g，与细土 15～25kg 充分混合，均匀地撒在树干四周，用手耙将药土与土壤混合、整平。乐斯本使用1次即可。辛硫磷应连施2～3次。也可以在越冬幼虫出土前，用48%乐斯本乳油300～500倍液，在地面直接喷药，耙松地表，杀死幼虫。

(3)昆虫病原线虫处理　对桃小食心虫发生严重的果园，在秋季幼虫脱果入土至翌年越冬幼虫出土前，将昆虫病原线虫随着果园浇灌施入土壤中，防治土壤中的幼虫。

2. 树上防治

(1)药剂防治　树上喷药主要抓住卵孵化盛期和初孵幼虫裸露活动时间进行防治。当性诱剂诱捕器连续诱到成虫，树上卵果率达0.5%～1%时，开始进行树上喷药。常用的药剂，有溴氰菊酯、氯氰菊酯、甲氰菊酯、灭幼脲和甲胺基阿维菌素等。

(2)摘除虫果　从6月下旬开始，及时摘除树上虫果和拾净落地虫果，并及时处理。

(3)果实套袋　全园果实套袋，可避免桃小食心虫为害。每年幼果期实行果实套袋。在果实采摘前15天去袋，使果实充分着色。

3. 园外防治　由于中晚熟苹果采收时带走大量未脱果的幼虫，因此在大量堆放果实的场所，也应做好防治工作。在堆果场周围，挖沟撒沙土或石灰粉，然后堆放果实，将脱果的幼虫集中消灭。

五、苹果小卷叶蛾

【分布与为害】　苹果小卷叶蛾 *Adoxophyes orana* Fisher von Röslerstamm，又名棉褐带卷蛾、苹小黄卷蛾、棉小卷叶蛾、网纹褐卷叶蛾、远东褐带卷叶蛾，俗称舐皮虫，属鳞翅目卷叶蛾科。此虫除西北、云南、西藏外，全国各地均有分布；国外分布于印度、日本及欧洲。其食性杂，寄主范围广，但在北方主要为害苹果、桃、梨、山楂、柑橘、柿、棉花和李等多种果树、林木及农作物等。

苹小卷叶蛾主要是以幼虫为害果树的芽、叶、花和果实。以幼虫吐丝缀连叶片，潜藏在缀叶中取食为害，新叶受害较重。当树上有果实后，常将叶片缀贴在果实上，幼虫啃食果皮和果肉，受害果实上被啃食出形状不规则的小坑洼，所以称其为“舐皮虫”。发生严重的果园，果实受害率达 2%～5%。

【形态特征】

1. 成虫 体长 6～8 mm，翅展 13～23 mm，身体棕黄色。前翅基斑褐色，中带上半部狭，下半部向外侧突然增宽，下半部中央色浅，其余颜色深，似倾斜的“h”形。后翅及腹部为淡黄褐色。雄虫前翅前缘基部具前缘褶，后翅淡黄褐色。缘毛灰黄色(图 3-5)。

2. 卵 扁平，椭圆形，淡黄色。数十粒排成鱼鳞状卵块。

3. 幼虫 体长 13～17 mm，体色浅绿色至翠绿色。头部淡绿色，头壳侧后缘处单眼区上方有 1 棕色斑纹。前胸背板淡黄色或黄褐色，胸足淡黄色或黄褐色，臀板淡黄色，臀栉 6～8 枚刺。

4. 蛹 体长 9～11 mm，较细长，黄褐色。腹部 2～7 节背面各有两横排刺突，后列小而密。臀棘 8 根。

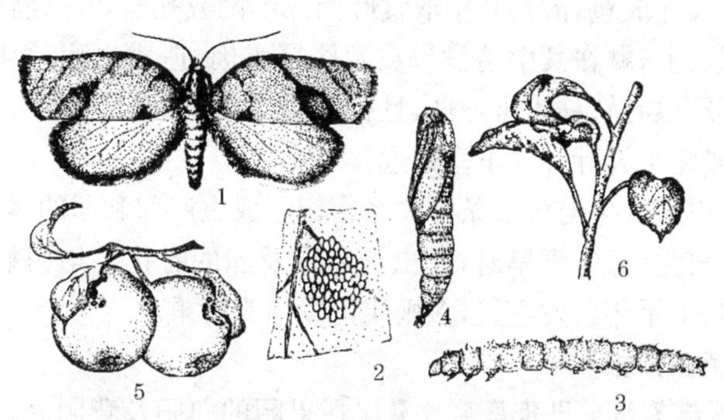

图 3-5 苹小卷叶蛾

1. 成虫 2. 卵 3. 幼虫 4. 蛹 5. 果实被害状 6. 枝叶被害状

【发生规律】 该虫在东北、华北地区1年发生3代，在宁夏1年发生2代，在山东1年发生3～4代，在黄河故道地区1年发生4代。均以二龄幼虫在剪锯口、枝干翘皮缝内结白色茧越冬。翌年春季苹果花开绽时，越冬幼虫开始出蛰，出蛰幼虫开始爬向芽及嫩叶上取食为害。展叶后，开始将几片嫩叶缀连成苞为害。黄河故道地区4月上旬为出蛰为害盛期，4月下旬化蛹，4月底至5月初越冬代成虫羽化，5月上中旬为羽化盛期。5月下旬为一代幼虫孵化盛期，为害盛期在6月上旬；二代幼虫为害盛期为7月上旬；第三代幼虫为害盛期为8月上旬。8月下旬至9月初为第四代幼虫孵化盛期，二龄幼虫于9月下旬转移到剪锯口、翘皮裂缝处越冬。

成虫白天静伏于叶背，夜间活动，有趋光性及趋化性，尤其对糖醋味和果醋的趋性很强。雄虫对雌虫性外激素粗提物的趋性极强。成虫寿命为4～6天，羽化1～2天后即可产卵，卵产于叶面上，排成鱼鳞状，每雌可产卵200粒左右，卵期7天左右，孵化率很高，达70%以上。刚孵化的幼虫多分散在附近叶的背面，以及前一代幼虫为害遗留的叶苞内，取食芽和幼叶。稍大时吐丝缀连梢部几片嫩叶成苞，潜藏其中取食叶肉成纱网或孔洞，并常将叶片缀贴在果实上，藏在其中啃食果皮及浅层果肉，造成虫疤，影响果实品质。幼虫有转移为害习性，且行动活泼，触动头或尾即可倒退或前进，或爬出卷叶吐丝下垂逃逸。

该虫的发生与气候条件关系密切。成虫产卵和卵的孵化受湿度影响较大，天气干旱时，成虫产卵量及卵的孵化率均明显下降。因此，在干旱年份发生轻，多雨年份发生为害重。

【预测预报】

1. 越冬幼虫出蛰盛期预测 在果园的向阳及背阴处，各选卷叶蛾越冬虫口密度较大的早熟和晚熟品种苹果树1～2株，作为固定调查树，每株树上各选1～2个侧枝，涂抹凡士林油，从4月上旬开始，每隔1～2天调查1次越冬幼虫出现的数量，并将虫处死，计算出蛰率。当幼虫累计出蛰率达20%时，说明越冬幼虫出蛰达始盛期，应做好防治准备。当出蛰率达到50%时，越冬幼虫出蛰已达盛期，对越冬虫量大的果园，应发出预报，立即开展防治。

2. 成虫发生期预测　利用黑光灯、糖醋液或性诱剂诱集成虫，从4月上旬开始，每天记录诱到的成虫数，当捕蛾量骤增时，说明已到羽化盛期。盛期后1周左右，便是幼虫孵化盛期，也是药剂防治第一代幼虫的适期。

【防治方法】

1. 刮树皮消灭越冬幼虫　秋季幼虫越冬后至春季幼虫出蛰前，彻底刮除剪锯口周围的老翘皮、主干枝杈上的老皮、翘皮，集中烧毁或深埋，消灭部分越冬幼虫。

2. 人工摘除虫苞　在越冬幼虫出蛰为害及其他各代幼虫为害形成虫苞后，及时予以摘除，消灭其中的幼虫。

3. 药剂防治　有40%的越冬幼虫在剪锯口处越冬，可在幼虫出蛰初期，用90%敌百虫200倍液涂抹在剪锯口等越冬场所，消灭在其中的越冬幼虫。也可在果树发芽后开花前或落花后，结合其他害虫防治，喷洒50%辛硫磷乳油800～1 000倍液，消灭出蛰幼虫。

4. 及时防治第一代初孵幼虫　第一代幼虫发生整齐，是全年防治的重点。在第一代卵孵化盛期及幼虫期，适时喷药，可有效地减少以后各代的发生量，减少喷药次数。常用的药剂，有敌百虫、灭幼脲、Bt粉剂、氯氰菊酯等。

5. 诱杀成虫　用黑光灯、糖醋液或性诱剂等，在成虫发生期诱杀成虫。

6. 保护利用天敌　苹小卷叶蛾的天敌有赤眼蜂、茧蜂、小蜂和一些捕食性蜘蛛。其中，赤眼蜂防治苹小卷叶蛾已获成功。山东省烟台市大面积利用松毛虫赤眼蜂防治此虫，防治效果达90%～98%。方法是在卵初盛期放蜂，隔4～5天放1次，共放3～5次，每次每株放蜂1 000头。

第四章 梨病虫害及防治

第一节 梨病害及防治

我国梨树病害有近90种，其中发生较普遍、危害比较严重的有梨黑星病、梨黑斑病、梨树腐烂病、梨轮纹、梨锈病、梨褐腐病、梨白粉病以及梨根部病害等。

一、梨黑星病

梨黑星病又称疮痂病、黑霉病，是梨树的一种重要病害，在鸭梨、白梨等感病品种上发生较重。病害流行年份，常导致早期大量落叶，果实严重发病，产量和品质损失巨大，严重削弱树势。

【症 状】 梨黑星病可侵染叶片、叶柄、芽、花序、果实及新梢等绿色幼嫩组织，以叶片和果实受害为主。该病从梨萌芽一直到落叶均可发生。病部初期变黄，继而枯死，受害部位产生墨绿色至黑色霉层为其特征。

1. 叶部症状 刚展开的幼叶最感病，展叶后1个月以上的老叶抗病性很强。叶片受害首先在叶片背面出现小的淡黄色斑，尤以沿叶脉处较多。2～3天后，产生沿叶脉星芒放射状扩展的墨绿色至黑色霉层，叶片正面，难见异常表现，霉状物可扩展连片，与叶背黑霉对应的叶片正面开始出现不规则形黄斑，后病斑逐渐变褐枯死。发病严重时，病斑连片，整个叶背布满黑色霉层，叶片枯黄、脱落。叶柄、主脉受害，形成长条形或梭形稍凹陷病斑，表面产生霉层。叶柄和主脉受害是早期落叶的主要原因。

2. 果实症状　从刚落花的幼果至采收期甚至贮运期的成果均可发病，其中幼果和近成熟的果实最易感病。刚落花的梨果受害，多数在果柄或果面形成黑色或墨绿色近圆形霉斑，此类病果几乎全部早落。稍大梨幼果受害，果面产生淡黄色圆形或不规则形斑点，潮湿条件下病斑上产生黑霉层；干燥时不产生黑霉，呈绿色斑，俗称“青疔”。膨大前幼果受害，病部组织停止生长，造成果实畸形、开裂。膨大期果实受害，病斑凹陷，表面木栓化，开裂，呈荞麦皮状，此类病果不畸形。近成熟期果实受害，形成淡黄绿色病斑，稍凹陷，有时病斑上产生稀疏的霉层。

3. 病芽及病梢症状　在一个枝条上，顶芽基本不受害，亚顶芽最易受害，亚顶芽往下 3～4 个芽也较易受害。病芽绝大部分是叶芽，花芽发病极为少见。梨芽染病后，鳞片变黑，产生黑色霉层，但当年不发病，翌年梨树萌芽时，病芽萌发形成病梢即病芽梢，俗称“乌码”。在河北省一般年份从 4 月下旬开始出现，病梢自基部开始向上产生一层浓密的墨绿色至黑色霉层。病梢叶片初变红，再变黄，最后干枯脱落。

【病　原】　有性态为梨黑星菌*Venturia pirina* Aderh. ,异名为*V. nashicola* Tanaka & Yamamoto,属子囊菌门黑星菌属真菌；在自然界常见其无性态，为梨黑星孢 *Fusicladium pyrinum* (Lib.) Fuckel. 。

【发病规律】

1. 病害循环　病菌主要以菌丝体在病芽鳞片间或鳞片内越冬，翌春病芽萌发长出病梢(乌码、病芽梢)，病梢上产生分生孢子，成为该病的主要初侵染源；病菌以未成熟的假囊壳在病落叶上越冬，翌年梨树开花后越冬假囊壳成熟，并陆续释放子囊孢子，也是该病的重要初侵染源。

梨黑星病菌的分生孢子主要靠风雨传播，当病梢作为发病中心时，经过多次再侵染造成的病叶及病果，多数出现在病梢的下方，形成一个以病梢为顶端的圆锥形发病区域。由落叶上产生的子囊孢子所形成的侵染，在梨园中随机分布，无明显的发病中心，但多数出现在树冠下部靠近地面的叶果上。

梨黑星病的潜育期长短，与寄主抗病性、温度和湿度密切相关，一般为10～35天，初侵染期气温较低，潜育期为20～35天；夏秋季节一般为7～15天。多年调查证明，在河北省中南部，幼叶、幼果发病通常最早为5月中旬（极个别年份，早春多雨，最早可在4月下旬发病），5月下旬至6月上旬普遍发病。

2. 发病条件 梨黑星病是一种流行性很强的多循环病害，发生和流行的程度主要取决于寄主抗病性和天气条件。

（1）品种抗病性 中国梨易感病，日本梨抗病，西洋梨免疫。发病重的品种有鸭梨、京白梨、秋白梨和黄梨等，其次是雪花梨和黄密等；近期自国外引进的黄金梨、新世纪、丰水和秀水等品种高抗梨黑星病。

（2）天气条件 降水对该病流行程度的影响最大。一般来说，生长季节尤其在寄主感病的4～6月份和果实采收前的1个月内，降水次数多，雨量大，发病重；干旱少雨，气温高，则发病轻。

【防治方法】 防治该病的基本策略：清除病菌，减少初侵染及再侵染的菌量；抓住关键时期，及时喷施有效药剂，防止病菌侵染和病害蔓延。

1. 清除越冬病菌，减少初侵染源 在梨树落叶后至翌春发芽前，彻底清除枯叶和落叶，集中烧毁并深埋；对难以清扫的残余落叶，通过地面喷施硫酸铵和尿素10～20倍液，可铲除病菌；在芽萌动期喷洒1～2次内吸性杀菌剂，减少病梢的数量；自4月中下旬开始，及时发现并摘除病梢，降低果园菌量，减缓病害的流行。

2. 生长期适时喷施化学药剂

（1）用药期及用药次数 不同梨区、不同年份的用药时期及次数不同。总体而言，药剂防治的关键时期有两个：一是落花后30～

45 天内的幼叶幼果期。山海关以内梨区在麦收前后，重点是麦收前；二是采收前 30～45 天内的成果期，多数地区是 7 月下旬至 9 月中旬。两个关键期各喷施药剂 2～3 次，具体喷药时间和次数应视降水的多少确定，降水多则用药多，反之则用药少。

(2)有效防治药剂　防治梨黑星病有效药剂种类很多，应根据发病情况、药剂性能、价格等因素合理选择，适当搭配，交替使用，避免或减缓抗药性产生。关键时期应当选用高效内吸性杀菌剂，如 40%氟硅唑 800～1 000 倍液、10%苯醚甲环唑 4 000～5 000 倍液、12.5%特谱唑、12.5%腈菌唑 2 000～3 000 倍液等，其防病效果优良，并有一定的治疗作用；在发病前和在幼果期，可使用 80%代森锰锌等保护性药剂。以上药剂在推荐浓度下几乎不产生药害，也不会损伤叶片及果面。需要指出的是，1∶1～2∶200～240 波尔多液和其他铜制剂，对黑星病的防治效果比较好，但易产生药害，故不宜在幼果期施用，阴雨连绵的季节也应慎用。

3. 套袋保护　果实套袋栽培技术，可有效降低黑星病菌侵染果实，一般年份可以不喷药。但是，在黑星病严重流行的年份，由于果园内菌量较大，套袋梨也会受到病菌侵染，也需要喷药。

二、梨锈病

梨锈病又称赤星病，在我国梨产区均有发生。一般不造成严重危害，仅在附近栽植有桧柏类树木(转主寄主)的梨园危害较重。在春季多雨的情况下，几乎所有叶片均可受害产生病斑，造成大量早期落叶和果实畸形，减产严重。除危害梨树外，还能危害山楂、棠梨和贴梗海棠等。

【症　状】　该病主要危害梨树的幼叶、叶柄、幼果及新梢等幼嫩绿色部分，在各部位的病害症状很相似，可以概括为："病部橙黄，肥厚肿胀，初生红点渐变黑，后长黄毛细又长"。

1. 幼叶症状 受害初期，叶片正面产生橙黄色圆形小病斑，周围具有黄色晕圈。随着病斑的扩大，病斑中央产生蜜黄色微凸的小粒点（梨锈菌的性孢子器），潮湿条件下小粒点上溢出淡黄色黏液（性孢子），黏液干燥后黄色小粒点变为黑色。随着病情发展，病斑组织变肥厚，正面凹陷，背面隆起并长出几根至十几根灰白色或淡黄色毛刺状物（梨锈菌的锈孢子器，俗称“山羊胡子”）。内有大量褐色粉状物（锈孢子），成熟后从锈孢子器顶端开裂散出。严重发病时病叶干枯，早期脱落。

2. 幼果症状 发病初期与叶片症状相似，后期病部长出毛刺状物（锈孢子器），病斑组织停止生长，并且坚硬，发病严重时果实畸形，并提早脱落。

3. 叶柄和果柄症状 受害部位橙黄色，并膨大隆起呈纺锤形，病部也可长出性孢子器和锈孢子器。

梨锈病菌为转主寄生菌，转主寄主为松柏科的桧柏、龙柏、欧洲刺柏、高塔柏、圆柏、南欧柏和翠柏等。病菌转主侵染后，在针叶、叶腋或小枝上产生淡黄色斑点，病部于秋季黄化隆起，翌春形成球形或近球形瘤状菌瘿，菌瘿继续发育，破裂露出红褐色的冬孢子角。冬孢子角遇雨吸水膨大、胶化，成为橙黄色的胶体，呈圆锥形或楔形，短粗，末端钝圆，其中的冬孢子萌发形成担子，进而产生担孢子进行侵染。

【病　原】 病原为梨胶锈菌 *Gymnosporangium asiaticum* Miyabe & G. Yamada，属担子菌门胶锈菌属真菌。病菌具有专性寄生和转主寄生特点，在整个生活史中可产生 4 种类型的孢子，冬孢子及担孢子阶段发生在桧柏、龙柏及欧洲刺柏等柏类寄主上，性孢子及锈孢子阶段发生在梨树上。

【发病规律】

1. 病害循环 病菌以多年生菌丝体在桧柏、欧洲刺柏及龙柏等转主寄主的病组织中越冬，翌春形成冬孢子角，遇雨吸水膨胀，萌发产生担孢子。担孢子随风传播，飘落到梨树的嫩叶、新梢及幼果上，在适宜条件下萌发产生芽管，直接从表皮细胞或气孔侵入。担孢子传播的有效距离为 2.5～5 km，最远不超过 10 km。

侵入梨组织的病菌经过潜育（一般为 6～12 天）后，在病斑上（叶部为正面）长出性孢子器，内生性孢子。性孢子成熟后由孔口随蜜汁溢出，经昆虫或雨水传播，3～4 周后，在病斑上（叶部为背面）逐渐长出毛刺状的锈孢子器，内生锈孢子。锈孢子不能再侵染梨树，而是被风传送到转主寄主（如桧柏）的嫩枝、叶上萌发侵入，并越夏和越冬，至翌年春季再度产生冬孢子角。冬孢子萌发产生的担孢子不能危害桧柏等转主寄主，只能侵染梨。因此，该病只有初侵染而没有再侵染。

2. 发病条件

（1）转主寄主　担孢子传播的有效距离一般为 2.5～5 km，尤以 1.5～3.5 km 最为适宜。因此，在担孢子传播的有效距离内，桧柏等转主寄主越多，病害发生越严重；反之病害发生越轻。

（2）气候条件　病菌一般只侵染梨树的幼嫩组织。在梨萌芽、幼叶初展这一时期，若天气多雨则利于发病。因此，2～3 月份气温高低，3 月下旬至 4 月下旬降水多少，是影响当年病害发生的重要因素。

（3）寄主抗病性　中国梨最感病，日本梨次之，西洋梨较抗病。感病品种有鸭梨、雪梨等。展叶 20 天内的嫩叶易感病，老叶较抗病。

【防治方法】　控制初侵染源，防止担孢子侵染梨树幼叶幼果，是防治该病的根本途径。

1. 清除转主寄主　避免在桧柏、龙柏等柏科植物较多的风景绿化区建园，梨园与转主寄主间的距离不能小于 5 km。如条件允许，要彻底砍除梨园周围 5 km 以内的转主寄主。

2. 控制转主寄主上的病菌　如不能彻底砍除梨园周围的桧

柏等转主寄主，则需在春雨前剪除转主寄主上的冬孢子角，也可以在梨树萌芽前对桧柏等转主寄主喷药1～2次，以抑制冬孢子萌发产生担孢子。较好的药剂有0.5波美度石硫合剂和1∶1～2∶100～160的波尔多液等。

3. 药剂防治 一般在梨树展叶期喷第一次药，10～15天再喷一次即可。常用药剂有：腈菌唑、戊唑醇、三唑酮、烯唑醇、氟硅唑和苯醚甲环唑等。为了防止病菌侵染桧柏等转主寄主，避免病菌越冬，在6～7月份对转主寄主喷药1～2次，所喷药剂与梨树相同。

三、梨黑斑病

梨黑斑病是梨树上的重要病害之一，在我国主要梨区普遍发生。日本梨、西洋梨、酥梨、雪花梨易感病。该病发病严重时引起裂果和早期落果，直接影响梨果的产量和品质，还可以引起早期落叶和嫩梢枯死，严重削弱树势。在河北省该病主要危害雪花梨叶片，导致叶枯早落。果实很少受害。近几年鸭梨叶片也有零星发生。

【症　状】 该病主要危害梨树的叶片、果实和嫩梢。

1. 叶片症状 嫩叶最易发病，展叶1个月以上的老叶不易被侵染。叶片受害后，产生中央灰白色至灰褐色、外围有黄色晕圈的近圆形或不规则形病斑，有时病斑上有同心轮纹。天气潮湿时，病斑表面产生大量黑色霉层。发病严重时，多个病斑相连成不规则形大斑，导致叶片焦枯、畸形，甚至早落。

2. 果实症状 幼果发病产生近圆形、褐色至黑褐色、稍凹陷病斑，潮湿时表面产生黑色霉层。由于病组织停止发育，所以果实膨大时，病果果面产生龟裂，裂缝可深达果心，裂缝内也会产生黑霉，病果往往早落。近成熟的果实受害时，病斑黑褐色，后期果实软化，易腐败脱落。

3. 新梢及叶柄症状　初期可见椭圆形、黑色、稍凹陷病斑，后扩大为长椭圆形、淡褐色、明显凹陷的病斑。病、健交界处常产生裂缝，病部易折断或枯死。

【病　原】　病原为菊池链格孢 *Alternaria kikuchiana* Tanaka，属半知菌亚门链格孢属真菌。

【发病规律】

1. 病害循环　病菌以分生孢子和菌丝体在病叶、病梢及病果上越冬。翌年春季，越冬病组织上产生新的分生孢子，随风雨传播，经气孔、皮孔侵入或直接侵入梨树组织，完成初侵染。病菌以分生孢子可在田间进行多次再侵染。

2. 发病条件　高温高湿环境有利于该病的发生。一般气温在26℃±2 ℃，并连续阴雨时，有利于黑斑病的发生和蔓延；地势低洼、肥料不足、树势衰弱等不利因素，均可加重病害发生。品种间抗病性差异明显，一般日本梨易感病，西洋梨次之，中国梨较抗病。

【病害防治】　搞好果园卫生，控制越冬菌源，加强栽培管理，提高树体抗病能力，结合生长期及时喷药保护、防止病害蔓延是防治梨黑斑病的基本策略。

1. 搞好果园卫生，清除越冬菌源　在梨树落叶后至萌芽前，彻底清除果园内的落叶、落果，剪除病枝、病梢，并集中烧毁或深埋。

2. 加强栽培管理　在果园内间作绿肥和增施有机肥料，促使植株生长健壮，增强抗病能力，减轻发病程度。

3. 药剂防治　在梨树发芽前，全园喷施 1 次 3～5 波美度石硫合剂，铲除树体上的越冬病菌。生长期喷药保护幼叶幼果，一般从 5 月上中旬开始第一次用药，而后视天气和病情，隔 15～20 天喷 1 次，共喷 4～6 次。常用药剂有多抗霉素、代森锰锌和异菌脲等。

四、梨其他病害

除以上所述三种主要病害外，不同地区或不同年份的梨树还会发生其他病害，条件适宜时，一些次要病害会演变为主要病害。这些病害的症状特点、发病规律和防治要点，如表 4-1 所示。

表 4-1　梨其他病害一览表

病害名称	症状特点	发病规律	防治要点
梨炭疽病 *Glomerella cingulata* (*Colletotrichum gloeosporioides*)	主要危害果实，病斑褐色，近圆形。果肉变褐腐烂，具苦味，可烂至果心。病斑表面常产生轮纹状排列的黑色小点，潮湿时溢出粉红色黏液	以菌丝体、分生孢子盘在病果、僵果、果台等处越冬；经雨水或昆虫传播；从伤口、皮孔或直接侵入；幼果期为侵染盛期	清除病残体；加强栽培管理，增强树势；采用套袋栽培；结合轮纹病进行药剂防治，特别是套袋前的药剂保护
梨褐腐病 *Monilinia fructigena*	近成熟果实易受害，病斑淡褐色、圆形，扩展速度快，一般 10 天全果腐烂，表面产生轮纹状排列的灰褐色绒球状霉层，病果脱落或形成僵果	主要以菌丝体在病僵果上越冬；分生孢子借风雨传播，从伤口或皮孔侵入；成熟期高温多雨潮湿，伤口多，利于病害发生	搞好果园卫生，清除病僵果等越冬菌源；果实近成熟期喷速克灵等保护果实
套袋梨果黑点病	发生在套袋果上，常在果实萼洼周围出现针尖至米粒大小的黑点；病斑只在果实表皮层；鸭梨病重；6～7 月份开始发生，雨季后达高峰	缺钙和感染链格孢等真菌，均可造成黑点病；套劣质果袋发病重；阴雨连绵，地势低洼，密植郁闭，氮肥过多，利发此病	合理修剪，改善果园通风透光条件；选择优质袋，套袋前喷多抗霉素等药剂

续表 4-1

病害名称	症状特点	发病规律	防治要点
梨青霉病 *Penicillium expansum*	在贮藏期危害，病果肉变褐湿腐，病斑表面产生初为白色、后为青绿色的霉层	病菌在土壤中及病果上越冬；气流传播，伤口侵入	剔除有伤果实、避免果实出现伤口；保持果库清洁，及时清除病烂果
梨红粉病 *Trichothecium roseum*	多危害成熟期和贮藏期果实，病斑淡褐色，近圆形，稍凹陷，表面产生粉红色霉层	气流、雨水传播，伤口侵入；发生轻重与伤口密切相关	彻底清除病残果；果实采运分级包装，避免造成伤口；贮运场所要消毒，进行低温贮藏
梨灰霉病 *Botrytis cinerea*	成熟期或采收后果实受害，病部变褐变软，产生浓密鼠灰色霉层；也可造成花瓣腐烂	以菌核或菌丝体在病残体上越冬，多从伤口侵入；低温高湿发病重	同梨青霉病和红粉病
梨软腐病（根霉烂果病） *Rhizopus stolonifer*	在成熟期和贮藏期危害，病果褐色软腐，生灰黑色霉层，并有黑色小粒点	气流传播，伤口侵入；伤口多、高温、高湿利于发病	同梨青霉病和红粉病防治
梨顶腐病（蒂腐病、铁头病）（生理性病害）	幼果期开始发病，在萼洼周围出现淡褐色小斑点，可扩展至果顶大半部。病部变褐，稍下陷，质地坚硬	一般只发生于洋梨品种上；6～7月份发病多，病斑扩展快；近成熟果实很少发病	用鹿梨、豆梨作砧木嫁接洋梨，可减轻发病；加强果园栽培管理，适当增施钙、镁、磷肥

续表 4-1

病害名称	症状特点	发病规律	防治要点
梨虎皮病 (梨黑皮病) (生理性病害)	果实表面产生黑褐色不规则形斑块,重者连成大片;而皮下果肉正常,不变褐,基本不影响食用;一般在低温贮藏过程中发病轻,出库后室温条件加剧该病发生	贮藏期在果皮部积累大量的酚类物质,到贮藏的中后期,特别是出库后,酚氧化为醌,使黑色素在果皮积累,造成此病;高氮低钙、早采或高温干燥期后采收、挤压伤多、贮藏期长等病重	加强栽培管理,保持氮钙平衡;中后期充分灌水,适时晚采;采后及时入库降温;入库前用1-甲基环丙烯、二苯胺或乙氧喹处理果实
梨黄叶病 (生理性病害)	多从新梢顶部嫩叶开始发病;初期叶片呈黄色网纹状,而后全叶变黄,甚至变白,最后叶缘焦枯	缺铁	结合果园秋施基肥,施用硫酸亚铁;在生长季节,对叶面喷施0.2%~0.5%硫酸亚铁或柠檬酸铁或EDTA螯合铁等
梨干枯病 *Phomopsis fukushii*	主要危害苗木和枝干,病初水浸状、红褐色,后期凹陷,上生小黑点;病、健交界处易产生裂缝,严重时幼苗及枝条枯死	以菌丝体和分生孢子器在病枝干上越冬;风雨传播,伤口侵入;老、弱树病重	加强栽培管理,增强树体抗病性;冬季涂白,防止冻害及日灼;发现病斑及时刮治,对重病树,剪除病枝干
梨贮藏期黑斑病 *Alternaria alternata*, A. tenuissima 等多种病菌	主要危害鸭梨,在果面伤口、梗洼和萼洼等处形成黑色腐烂病斑,上生黑色霉层,病果很快腐烂	多从贮藏期果实的伤口侵入;伤口多、衰老果发病重	采收、运输、分级包装过程中避免对果实造成伤口;采后及时贮藏

续表 4-1

病害名称	症状特点	发病规律	防治要点
梨黑心病（生理性病害）	主要危害贮藏期的鸭梨；先是果心变褐，并向外扩展，果肉出现界限不清的褐变，病组织发糠；一般果实外观无明显变化，严重时果肉大片变褐，不堪食用	病因复杂；氮钙比大、成熟过度、果实未经预冷直接进入0℃冷库或贮藏期缺氧，均发病重	多施有机肥并注意补钙；适期采收、入库贮藏过程中要逐步降温；库内保持温度为2℃、氧12%～13%、二氧化碳0.3%～0.6%

第二节　梨害虫及防治

一、中国梨木虱

【分布与为害】 梨木虱类属同翅目，木虱科。我国已知为害梨的木虱有19种，其中中国梨木虱 *Psylla chinensis Yang et Li* 为主要为害种，其食性单一，只为害梨树，是河北、山西、山东、河南、陕西和甘肃等梨区的主要害虫。

梨木虱以成、若虫刺吸梨芽、嫩梢、叶片及果实汁液为害，但以若虫为害为主。芽和新梢受害后发育不良，叶片受害后叶脉扭曲，叶面皱缩，产生枯斑，并逐渐变黑，提早脱落。若虫为害时还可分泌大量的黏液，常使叶片粘在一起或粘在果实上诱发煤污病，污染叶面和果面，使果实发育不良，果质和产量受损失。同时，霉菌也通过分泌霉素破坏表皮组织，使叶面、果实及枝条上形成病组织扩大，造成更严重的经济损失。

【形态识别】

1. 成虫 分冬型和夏型。冬型体长 2.8～3.2 mm，褐色至暗褐色，中胸背板具 4 条红褐色纵纹，前翅后缘区有明显褐斑。夏型体长 2.5～2.7 mm，黄绿色，中胸背板具 4 条黄色纵纹，翅上无斑纹(图 4-1)。

2. 卵 长圆形，一端尖细，并延伸成 1 根长丝，一端钝圆，其下有 1 刺状突起。初产时黄色，后变为乳白色。

3. 若虫 体扁椭圆形，初孵若虫淡黄色，复眼红色，随龄期增大而逐渐变成绿色，翅芽突出在身体两侧。晚秋末代若虫即冬型若虫褐色。

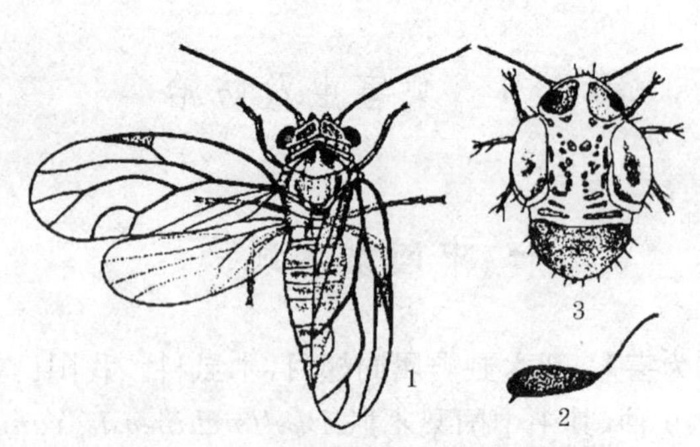

图 4-1 中国梨木虱

1. 成虫 2. 卵 3. 若虫

【发生规律】 中国梨木虱在河北省每年发生 4～6 代。主要以成虫越冬，越冬场所为梨园的落叶、枯草间，占越冬总量的 70 %以上，其次为树干 50 cm 以下的树皮缝隙中，占 20 %左右，在树干 50 cm 以上处越冬者较少，但随着树龄的增加，越冬部位也随之上移。

河北省中南部梨区，越冬成虫 2 月中旬开始出蛰，2 月底至 3

月初为出蛰盛期。此时叶片尚未形成,成虫暴露在枝条上,中午前后在枝条上活动,这是用药防治的第一个关键时期。3 月中旬开始产卵,4 月上旬为产卵盛期,梨树盛花期为卵的孵化盛期。4 月下旬第一代若虫大量发生,此时若虫出现比较整齐一致,利于集中消灭,是一年中药剂防治的又一个关键时期。以后各代世代重叠。全年均可为害,以 6～8 月份为害最重,到 11 月下旬成虫开始越冬。

梨木虱单雌产卵量可达 140 多粒。越冬代成虫将卵产在 1～2 年生枝条的叶痕处,发芽、开花后有利于初孵幼虫就近取食;第一代成虫多将卵产于叶柄沟内,占 60 %以上,少部分产在叶片背面;2～5 代成虫多将卵产于叶缘锯齿间,少部分产在叶脉周围;第六代成虫产卵于叶柄和枝条上。若虫有 4 个龄期,若虫喜欢在叶柄和叶丛基部(前期)、卷叶内、叶果粘贴处、果袋内、郁闭果园的叶背和其他阴暗处为害;若虫孵化后 1～2 天,就从尾部分泌出一种无色透明的线状蜡质物,随即又分泌出一种无色透明的黏稠液体附着在其周围。以后黏液逐渐增加,将若虫包埋,若虫只有在蜕皮时才爬出黏液,蜕皮后继续产生分泌物,使分泌物大量堆积,到一定程度后从叶上滴落到下部的叶、果或地面上。因此,药液很难直接接触到它的身体,给防治带来了很大的困难。该虫耐寒性较强,在 12 月中旬气温降至－2℃时,还有若虫在枝条上取食为害,并可产生分泌物;成虫在 0℃左右即出蛰活动。中国梨木虱在梨园和树冠内的种群聚集分布为害。

梨木虱的发生与温度和降水有密切关系,在高温干旱的季节或年份发生较重。反之,雨水多,气温低,则发生轻。梨木虱的天敌种类很多,如花蝽、瓢虫、草蛉及寄生蜂等,其中以寄生蜂、花蝽、瓢虫抑制作用最大。

【防治方法】　防治梨木虱的重点应放在前期,抓住关键时期,并树立全年性综合防治的观念。采用农业、物理、生物和化学等防治措施相结合的办法进行有效的控制，使其为害程度降到最低水平。

1. 农业防治 在早春和秋末清洁果园，刮树皮，结合施基肥，将落叶、杂草清理集中，同肥料一起深埋。秋末灌水，可有效地消灭越冬成虫。

2. 保护利用天敌 在6～7月份，正常情况下可不施药剂，依靠麦田迁回来的龟纹瓢虫及花蝽等天敌，可控制梨木虱的种群数量。对第三代梨木虱的防治，即使施药，也要选择对天敌益虫无毒害作用的药物，以充分发挥天敌的作用。

3. 化学防治 应掌握在各代若虫初孵化尚未大量产生黏液以前，及时用药进行防治。

(1)*越冬成虫出蛰盛期用药* 在3月中旬越冬成虫出蛰盛期，喷洒菊酯类药剂，控制出蛰成虫基数。此时叶片尚未形成，成虫暴露在枝条上，及时准确用药，可达到彻底防治的目的。用药时应选择晴朗天气的上午，对树体地上部分的茎、干、枝、芽重喷不受温度影响的杀成虫药剂。对于上年梨木虱为害严重、基数大的梨树，可在1周后再喷一次。

(2)*第一代若虫发生期用药* 梨落花95%左右，即第一代若虫孵化盛期喷药，是一年中药剂防治的又一个关键期。第一代若虫出现期比较整齐一致，利于集中消灭。选用的药剂有阿维菌素、吡虫啉、印楝素或氯氰菊酯等。以上药剂的防治率均可达90%以上。

(3)*黏液形成后的用药* 进入7月份，如果前期对梨木虱控制得好，这一年的梨木虱为害基本上就被控制住了，以后可不作为防治的重点，在防治梨小食心虫等害虫的同时可兼治。如果控制得不好，梨木虱的各种虫态并存，世代重叠，叶片上的黏液较多，给防治造成困难。此时可在用药前喷5 000倍液的碱性洗衣粉液，来冲洗和溶解叶片的黏液，经3～4小时之后再喷药；或是把中性洗衣粉或一些农药增效剂，直接加入药剂中一起喷施，效果也很显著。

(4)果实采收后用药 对于一些梨木虱发生严重的梨园，可在梨果采收后再施一次杀梨木虱成虫的药剂。由于这时天气转凉，越冬代成虫比较集中整齐，此时喷药，可有效消灭越冬代成虫，降低越冬虫口基数，对翌年梨木虱的防治有重要意义。

二、梨黄粉蚜

【分布与为害】 梨黄粉蚜 *Aphanostigma jakusuiensis* (Kishida)，属同翅目根瘤蚜科，俗称梨黄粉虫。此虫食性单一，目前所知只为害梨，尚未发现其他寄主植物。主要分布于辽宁、河北、河南、山东、安徽、江苏、陕西和四川等地，是梨树的主要害虫之一。

梨黄粉蚜以成、若蚜刺吸为害，喜群集在果实萼洼处，受害果实表面常有黄粉堆积，黄粉下是成蚜、卵和若蚜。果面被害初期出现黄色稍凹陷的小斑，以后渐变为黑褐色，称“膏药顶”。黑斑向四周扩大，可形成具龟裂的大黑疤，受害严重的果实，果内组织逐渐腐烂，最终落果。

【形态特征】

1. 成蚜 无有翅型个体，孤雌蚜卵圆形，长约 0.8 mm，鲜黄色，有光泽。触角 3 节。腹部无腹管及尾片，喙发达。有性型虫体长卵圆形，体型略小，雌虫 0.47 mm 左右，雄虫 0.35 mm 左右，体色鲜黄，口器退化(图 4-2)。

2. 卵 长 0.26～0.3 mm，初产出时淡黄绿色，渐变为黄绿色；有性型的卵，雌卵长 0.4 mm，雄卵长 0.36 mm，黄绿色；越冬卵椭圆形，长 0.25～0.4 mm，淡黄色，表面光滑。

3. 若蚜 淡黄色，形似成蚜，仅虫体较小。

【发生规律】 梨黄粉蚜 1 年发生 8～10 代。以卵在树皮裂缝、果台或树干上的残附物内越冬。翌年春天梨树开花时孵化，在原越冬部位刺吸为害和繁殖。5 月中旬前不向外扩散，6 月上旬陆续入袋为害梨果，发生严重的梨园 6 月上旬入袋率达 20%，6 月下旬入袋率可达 50%。入袋后的梨黄粉蚜首先为害梨果柄及果肩。进入 7 月份，被害梨果开始脱落，8 月中旬落果占 30%～40%，采收期严重时可占 60%～80%。而梨黄粉蚜一般 6 月中旬开始向不套袋果实上转移，主要为害萼洼，为害高峰期在 7 月下旬至 8 月中旬，受害果实表面呈现堆状黄粉，周围有黄褐色晕环，即成蚜和卵堆及若蚜；8 月中旬果实接近成熟期，为害尤为严重；8 月下旬以后，随气温下降，田间种群数量显著减少；9 月间开始出现有性蚜，雌雄交尾后陆续转移至果台、皮缝等处产卵越冬。梨黄粉蚜喜阴忌光，多在背阴处栖息为害，套袋果实更易受害；若采收较早，梨果带有虫体，在贮藏期间仍继续为害。

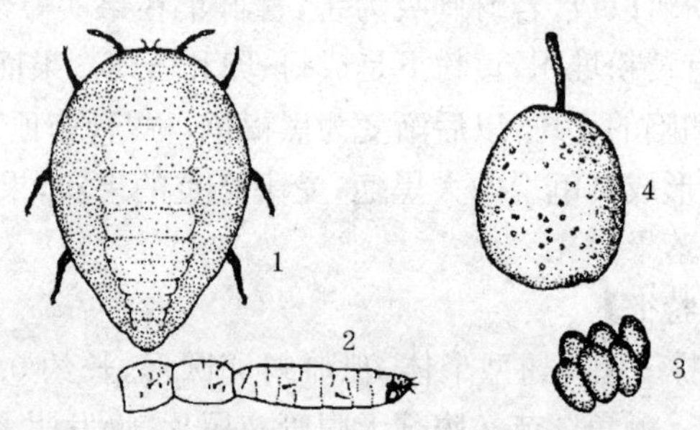

图 4-2 梨黄粉蚜

无翅孤雌蚜：1. 成虫 2. 触角 3. 卵 4. 梨果被害状

有性蚜和雌蚜均为卵生，成蚜每天最多产卵 10 粒，一生平均产卵约 150 粒。卵期为 5～6 天，若蚜期为 7～8 天，成蚜期除有性型存活期较短外，其他各型可长达 30 余天，干母长达 100 天以上。

在温暖干燥的环境中，如气温为19.5℃～23.8℃，空气相对湿度为68%～78%时，活动猖獗；高温低湿或低温高湿都对梨黄粉蚜活动不利。从梨的品种看，以酥梨、鸭梨和雪花梨受害较重，秋白梨比较抗虫。从树龄看，老树受害一般重于幼树。多种瓢虫、草蛉、花蝽等天敌，对梨黄粉蚜的种群有一定的控制作用。

【防治方法】

1. 农业防治

(1)刮树皮　果树落叶后至发芽前，认真刮除老粗树皮和清除树体上的残留物，清洁树干裂缝，消灭越冬虫卵，同时还可减少生长季节初期黄粉蚜的栖息地点。

(2)清园　及时清除园内烂果及碎纸袋，集中烧毁或深埋，可减少黄粉蚜种群的数量。

(3)加强梨树修剪　修剪有利于园内通风透光，不利于黄粉蚜生存，减轻其为害。

2. 化学防治　梨树萌动前喷5波美度石硫合剂或5%矿物油乳剂，大量杀死黄粉蚜越冬卵。

(1)套袋前防治　5月中旬套袋前，可喷吡虫啉、抗蚜威等药剂，待药液干后，即可套袋。喷药后如不能及时套袋、药效期已过或喷药后降水，要及时补喷。套袋后要调查袋内黄粉蚜为害情况。一般要抽查3%以上，若发现0.3%～0.5%袋内有黄粉虫，就要喷药保护。一般用50%敌敌畏1 000倍液，重点喷袋口，要将袋喷湿，利用其熏蒸作用，杀死袋内的黄粉蚜。

(2)套袋后防治　6月初梨黄粉蚜开始大量繁殖，并可陆续钻入套袋质量不高的梨果上为害，此为防治的又一关键期，应根据发生情况用药1～2次。常用药剂有苦参碱、印楝素、吡虫啉、啶虫脒和抗蚜威等。

三、梨小食心虫

【分布与为害】 梨小食心虫 *Grapholitha molesta* Busck，属鳞翅目小卷蛾科，又称桃折梢虫，简称梨小。国内分布广泛，北起黑龙江，南到福建、云南等地均有发生。可为害苹果、梨、山楂、桃、李、杏、樱桃等多种果树，是梨树的重要害虫之一。

幼虫前期蛀食新梢，多从上部叶柄基部蛀入髓部，向下蛀至木质化处便转移，蛀孔流胶并有虫粪，受害嫩梢逐渐枯萎，俗称"折梢"。后期以蛀果为主，幼虫多从萼、梗洼处蛀入，早期被害果蛀孔外有虫粪排出，晚期被害多无虫粪。幼虫蛀入直达果心，高湿情况下梨果蛀孔周围常变黑腐烂，逐渐扩大，俗称"黑膏药"。蛀孔周围通常不变黑。蛀食桃、李、杏时，多为害果核附近果肉。

【形态特征】

1. 成虫 体长 6～7 mm，翅展 11～14 mm。全体暗褐色或灰褐色。前翅灰黑色，其前缘有 8～10 组白色短斜纹；翅面上有许多白色鳞片，中室外缘附近有 1 个白色斑点，后缘有一些条纹，近外缘处有 10 个黑色小斑，是其显著特征。后翅暗褐色，两翅合拢，外缘合成钝角。足灰褐色，各足跗节末灰白色。

2. 卵 扁椭圆形，中央隆起，直径为 0.4～0.5 mm，半透明。初产卵乳白色，渐变成黄白色。近孵化时可见幼虫褐色头壳。

3. 幼虫 老熟幼虫体长 8～12 mm，体背桃红色，腹部橙黄色，头褐色。前胸气门前片上有 3 根刚毛，腹足趾钩 30～40 个，臀栉4～7 个刺。

4. 蛹 长 6～7 mm，黄褐色。腹部 3～7 节，背面各具 2 排短刺，8～10 节各生一排稍大刺，腹末有 8 根钩状臀棘。茧丝质白色，长椭圆形，长约 10 mm。

【发生规律】 该虫在华北地区 1 年发生 3～4 代，南方各省 1

年发生6～7代。以老熟幼虫在果树枝干和根颈裂缝处及土中,结灰白色薄茧越冬。在华北第四代多为不完全世代,以3代和部分4代幼虫越冬。翌年春季4月中下旬开始化蛹。各代成虫的发生期:越冬代为4月下旬至5月上旬;第一代为5月下旬至6月中旬;第二代为6月下旬至7月上旬;第三代为7月下旬至8月上旬;第四代为8月下旬至9月中旬。

春季气温低,越冬虫期较长,第一代卵期长达7～10天,幼虫期为15～20天,蛹期在10天以上。夏季气温高,各代虫期均缩短,第二、第三代卵期为3～4天,幼虫期为10天左右,蛹期为7天左右。梨小有转寄主为害习性。在发生3～4代地区,第一、第二代幼虫主要为害桃梢,第三、第四代幼虫主要为害梨果。多种赤眼蜂、茧蜂及白僵菌等对其卵和幼虫有较好的控制作用。

【预测预报】

1. 越冬代成虫羽化调查测报 选择有代表性的果园,从4月下旬起每隔3天在树上用撬树皮的方法,调查化蛹及羽化情况。每次调查取虫50个(包括老熟幼虫、蛹、蛹皮)。当越冬代成虫羽化率达25%左右时,往后推6～7天为田间产卵的初期,即为第一次防治适期。

2. 生长期成虫诱杀测报 4月下旬开始至梨小食心虫发生结束,在果园设置梨小性诱剂或糖醋液诱捕器。取口径为20cm的水盆,将诱芯悬挂于盆口上方中央并固定好，诱盆悬挂于果树的侧枝上，悬挂的高度以诱芯距地面1.5 m左右为宜。在盆内加入清水,加水量为水面离诱芯下沿距离1～1.5 cm,水内加0.2%洗衣粉,以防落水成虫逃走,每天早上将诱到的虫捞出计数,调查诱蛾数量,明确诱蛾高峰,高峰后7天左右发出防治预报。糖醋液诱捕法同上。一个测报点应设置5～10个诱捕器。

3. 新梢受害率和卵果率调查测报 4月下旬第一代卵出现后即调查,每隔3天调查1次,每次调查5株树,每株调查不同方位

100 个新梢，计算新梢受害率。后期转到果实上为害，选定 5 株树，从发现卵开始，每隔 3～5 天调查 1 次，每次每株随机取样 100 个果，统计卵果率（卵果数、蛀入果数），当卵果率达 0.5%～1% 时，发出树上药剂防治预报。

【防治方法】 梨小食心虫寄主复杂，防治时必须掌握在不同寄主上的发生和转移情况，在进行药剂防治时，要做好虫情测报，多种措施的综合治理，才能取得良好的效果。

1. 农业措施

（1）合理配置树种　建园时，应尽可能避免梨与桃、杏、李、樱桃等树种混栽，已混栽的果园要在梨小食心虫的前期寄主上加强防治，减少后期为害梨果的虫口密度。

（2）刮树皮　早春梨树发芽前，刮除老树皮，集中处理，消灭其中潜藏越冬的幼虫。

（3）及时剪除受害梢　5～6 月份及时剪除桃树上的被害梢，将剪掉的被害梢深埋处理（幼虫转移以前，刚变色时）。

（4）及时采摘虫卵　可有效压低虫口数量。

（5）果实套袋　在幼果期对果实进行套袋，可提高果实的外观品质，又可有效阻止梨小产卵于果面，从而防止果实受害。

2. 生物防治

（1）释放赤眼蜂　在梨小产卵期，每 3～5 天释放赤眼蜂一次，隔株放 1 000～2 000 头，田间寄生率可达 70%～80%。

（2）诱杀防治　秋季（约 8 月中旬）在树干、主枝上绑诱虫带、草片等物，诱杀脱果越冬幼虫，至 11 月下旬集中烧掉。利用性诱剂、黑光灯、糖醋液（糖：酒：醋：水为 1：1：2：10）等诱杀梨小食心虫成虫，也是行之有效的办法。一般情况下，糖醋液和性诱剂大概每 667m^2 放置 2～3 个，频振式杀虫灯有效控制面积为 3 hm^2。

3. 药剂防治　根据测报，喷药适期掌握在成虫高峰后 5～7 天。可选药剂种类，有 5%甲氨基阿维菌素苯甲酸盐甲维盐、48%

毒死蜱4 000～5 000倍液、Bt、25%灭幼脲1 200～1 500倍液、4.5%高效氯氰菊酯2 000倍液或2.5%三氟氯氰菊酯2 000倍液等。一般根据虫情，在树上交替施药2～3次，间隔时间为10～15天。

四、康氏粉蚧

【分布与为害】 康氏粉蚧 *Pseudococcus comstocki*（Kuwana），属同翅目粉蚧科，又名梨粉介壳虫。分布于吉林、辽宁、河北、北京、山西、河南、山东等省、直辖市。主要为害梨、苹果、桃、杏、柿、李、枣等果树。以雌成虫和若虫吸食嫩芽、嫩叶、果实、枝干及根部的汁液。嫩枝和根部受害后，被害处肿胀，造成树皮纵裂而使树枯死。前期果实被害时，多为畸形果，受害处产生白色棉絮状蜡粉污染果实。套袋后钻入袋内为害果实，群居在萼洼和梗洼处，分泌白色蜡粉，污染果实，吸取汁液，造成组织坏死，出现大小不等的黑点或黑斑，甚至使果实腐烂，失去商品价值。

【形态特征】

1. 成虫　雌成虫体长约5 mm，宽约3 mm，椭圆形，淡粉红色，被较厚的白色蜡粉。体缘具17对白色蜡刺，蜡丝基部粗，向端渐细，体前端的蜡丝较短，向后渐长，最后1对最长，与体长接近。眼半球形，触角8节，足较发达，疏生刚毛。雄成虫体长约1.1 mm，翅展2 mm左右。紫褐色，触角和胸背中央色淡，单眼紫褐色，前翅发达透明，后翅退化为平衡棒，尾毛较长(图4-3)。

2. 卵　椭圆形，长0.3～0.4 mm，浅橙黄色，附有白色蜡粉，产于白色絮状卵囊内。

3. 若虫　雌虫3龄，雄虫2龄。一龄椭圆形，长约0.5 mm，淡黄色。眼近半球形，紫褐色。体表两侧布满纤毛。二龄体长约1 mm，被白色蜡粉，体缘出现蜡刺。三龄体长约1.7 mm，与雌成虫相似。

4. 雄蛹 长约 1.2 mm，淡紫褐色，裸蛹。茧体长 2～2.5 mm，长椭圆形，白色絮状。

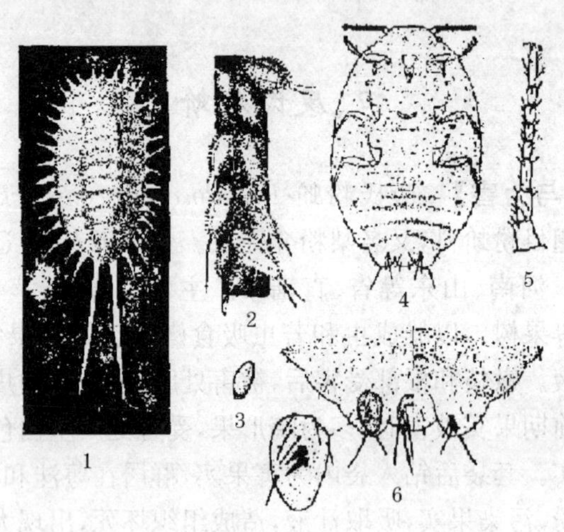

图 4-3 康氏粉蚧

1. 成虫 2. 成虫和若虫群集为害状 3. 卵
4. 雌成虫（腹面观） 5. 雌成虫触角 6. 雌成虫臀板放大

【发生规律】 康氏粉蚧 1 年发生 3 代，主要以卵在树体各种缝隙及树干基部附近土石缝处越冬。梨发芽时，越冬卵孵化，爬到枝叶等幼嫩部分为害。第一代若虫盛发期为 5 月中下旬，第二代为 7 月中下旬，第三代为 8 月下旬。该虫第一代为害枝干，2、3 代以为害果实为主。

若虫发育期，雌虫为 35～50 天，蜕皮 3 次即为雌成虫；雄虫为 25～37 天，蜕皮 2 次后化蛹。雄成虫羽化的时期，适值雌虫蜕第三层皮而为雌成虫。交尾后雄虫死亡。雌虫取食一段时间后，爬到枝干粗皮裂缝间、树叶下、枝杈处、果实萼洼梗洼处分泌卵囊，而后将卵产于卵囊内。每头雌虫产卵 200～400 粒，以末代卵越冬。康氏粉蚧喜在阴暗处活动，套袋内是其繁殖为害的最佳场所。因此，套袋果园、树冠郁闭、光照差的果园发生较重，树冠中下部及内膛发生重。

【防治方法】

1. 加强冬春防治　果实采收后及时清理果园，将虫果、旧纸袋、落叶等集中烧毁或深埋。早春精细刮树皮，或用硬刷子刷除越冬卵囊。发芽前结合防治其他病虫害，喷布一次 3～5 波美度石硫合剂或索利巴尔 50～80 倍液。

2. 诱杀、阻杀防治　晚秋雌虫产卵前，在树干上绑诱虫带、草把等，诱集雌成虫在其内产卵，产卵后将其取下烧毁。若虫出土上树前，在树干上涂抹 10cm 宽的粘虫胶，以阻止若虫上树，每隔 10～15 天涂 1 次，连涂 2～3 次，可明显减少种群数量。

3. 化学防治　在果树生长期，应抓住各代若虫孵化盛期进行防治。5 月中下旬，是防治第一代康氏粉蚧的关键时期，这是果实套袋前最重要的一次防治。因此，要根据虫口密度，适时用药 1～2 次，将康氏粉蚧消灭在套袋之前。6 月上旬，康氏粉蚧开始向袋内转移为害，所以套袋后 5～7 天，是防治该虫的第二个最佳时期。可选用毒死蜱、吡虫啉、啶虫脒或杀扑磷等药剂喷雾防治。7 月份以后出现世代重叠，用药时期应掌握在若虫孵化后、分泌蜡粉前。喷药时，要加入助剂增加药液的渗透力，提高防治效果。

第五章　桃病虫害及防治

桃是重要的核果类果树，在我国分布范围广，栽种面积大，是深受人们喜爱的水果佳品。我国桃树上常见的病虫害，有桃流胶病、穿孔病、桃疮痂病、桃缩叶病、桃蛀螟、桃蚜、桃瘤蚜和桃潜叶蛾等。

第一节　桃病害及防治

一、桃树流胶病

流胶病在我国各桃产区均有发生，长江流域及以南地区受害更甚。一般果园发病率为30%～40%，重茬或管理粗放的果园则可达90%左右。美国、日本等国也均有此病发生的报道。该病主要危害桃树枝干，引起主干、主枝甚至枝条流胶，造成茎枝"疤斑"累累，树势衰弱，产量锐减，寿命缩短，甚至树体死亡，成为桃种植业中的一大障碍。

【症　状】

1. 生理性流胶　主要发生在主干、主枝上。发病初期，病部稍肿胀，早春树液开始流动时，患病处流出半透明乳白色树胶，尤以雨后严重。流出的胶干燥时变褐，表面凝固呈胶胨状，最后变硬呈琥珀状胶块。流出的树胶大的直径有3 cm，有的更大。在树皮没有损伤的情况下仅见到球状膨大，若树皮有破伤，其内充满胶质。

2. 侵染性流胶　主要危害枝干。病菌侵染当年生新梢，出现以皮孔为中心的瘤状突起，当年不流胶。翌年瘤皮裂开，溢出胶液。发病初期，病部皮层微肿胀，暗褐色，表面湿润，后病部凹陷开裂，流出半透明且具黏性的胶液，潮湿多雨条件下胶液沿枝干下流，颜色变褐，呈脓状。干燥条件下，胶液积聚凝结，质地变硬，呈结晶硬球状，表面光滑发亮。发病后期，病部表面生出大量梭形或圆形的小黑点(病菌子座)，这是与生理性流胶的最大区别。

【病　原】 生理性流胶病原因尚不十分清楚，其病因也很复杂。下列一些因子均可促使或诱发桃树发生流胶：一些寄生性真菌及细菌的危害，如干腐病、腐烂病、炭疽病、疮痂病、细菌性和真菌性穿孔病、木质部的细菌等；害虫所造成的伤口，特别是蛀干害虫所造成的伤口；机械损伤造成的伤口，以及冻害、日灼伤等；生长期修剪过度及重整枝；接穗不良及使用不亲和的砧木；土壤过于黏重以及酸性大；排水不良，灌溉不当，积水过多等。

【发生规律】 病菌以菌丝体、分生孢子器和子囊座在枝干病组织中越冬。翌年春季产生分生孢子或子囊孢子，通过风雨传播，萌发后从伤口或皮孔侵入，引起初侵染。潜育期为 6～30 天，有的病部分生孢子器形成分生孢子，进行再侵染。一般 6 月份为发病盛期。

各种影响果树正常生长发育的因素，如虫害、冻害、水肥不当、修剪过重、栽植过密、结果过多、土壤黏重等，都有利于流胶病的发生。树龄大发病重，幼龄树发病轻。春季气温达 15℃左右开始流胶，以后随气温升高，病情加重。大量降水亦加重病情。

【防治方法】 国内至今没有有效的药物防治桃流胶病，主要采取综合治理，以防为主的办法。

1. 治虫防病　对于流胶病的防治，重点要把果园的病虫害防治好，各地要针对本果园病虫害发生的特点加强防治。重点是防治蛀干害虫，减少虫伤。

2. 加强管理　要改善果园排水设施。桃树对果园积水较敏感，应积极防止。合理施肥，使植株生长旺盛，提高抗病性。合理修剪，减少枝干伤口。枝干涂白，预防冻害和日灼。

3. 刮除病斑　刮去胶液病斑，然后涂抹 1.5%噻霉酮 50～100 倍液。

4. 喷药保护　落叶后至发芽前浇施铲除性药剂，杀灭枝干病菌，如 45%代森铵 200～400 倍液。在桃树生长期，结合其他病害防治，在春季新梢旺盛生长季每隔 15 天左右喷施多菌灵、甲基硫菌灵、代森锰锌可湿性粉剂等进行保护，预防病菌侵入。

二、桃穿孔病

桃穿孔病是桃树上最常见的叶部病害，在世界各桃产区都有发生。该病包括细菌性穿孔、霉斑穿孔和褐斑穿孔 3 种，其中以细菌性穿孔最为常见，并广泛分布于全国各桃产区。桃树感染此病后，可造成大量叶片穿孔脱落，枝梢枯死，严重削弱树势，影响花芽分化，造成巨大损失。三种穿孔病除危害桃外，还危害李、杏、樱桃等核果类果树。

【症　状】

1. 细菌性穿孔　主要危害桃树、李树叶片与枝梢。叶片发病，初期为水渍状小点，扩大后呈圆形或不规则形病斑，紫褐色至黑褐色，大小约 2 mm 左右，病斑周围水渍状并有黄色晕环，以后病斑干枯，病、健交界处发生一圈裂纹，脱落后形成穿孔；枝条受害以芽为中心形成长椭圆形病斑，边缘紫褐色，并发生裂纹和流胶，新梢顶端发黑，枝梢枯死；幼果感病后，初期发生水渍状褐斑，稍凹陷，在潮湿条件下，病斑上常出现黄色黏液；枝干染病后表皮变色、变粗糙，并纵向开裂，有的则整株枯死。

2. 霉斑穿孔　该病主要危害桃的新梢，也危害叶片、花和果实。侵染春梢时，以芽为中心形成长椭圆形病斑，边缘褐紫色，发生小裂纹深达木质部并流胶，随后被害梢枯死，严重影响翌年生长结果。对采果后的夏、秋梢，主要危害其叶片。叶片上病斑初为淡黄绿色，后变为褐色，近圆形或不规则。叶片成熟后，病斑不扩大而脱落，形成穿孔。

3. 褐斑穿孔 危害叶片、新梢和果实。在叶片两面发生圆形或近圆形的病斑，边缘紫色或红褐色略带环纹，大小为1～4 mm；后期病斑上长出灰褐色霉状物，中部干枯脱落，形成穿孔，穿孔的边缘整齐，穿孔外常有一圈坏死组织。在新梢和果实上形成褐色、凹陷、边缘红褐色的病斑，上生灰色霉状物。

【病 原】 细菌性穿孔病：病原为油菜黄单胞菌李致病型 *Xanthomonas campestris* pv. *pruni* (Smith) Dye.，属薄壁菌门黄单胞菌属细菌。异名为 *Xanthomonas pruni* (Smith) Dowson。霉斑穿孔病：病原为嗜果刀孢菌 *Clasterosporium carpophilum* (Lév.) Aderh.，属半知菌亚门丝孢目刀孢属真菌。褐斑穿孔病：病原为核果假尾孢菌 *Pseudocercospora circumscissa* (Sacc.) Liu & Guo，属半知菌亚门丝孢目假尾孢属真菌。常见异名为 *Cercospora circumscissa Sacc.*。

【发病规律】

1. 细菌性穿孔病 病原细菌在病枝组织内越冬，翌春开始活动。桃树开花前后，病菌从病组织中溢出，借风雨或昆虫传播，经叶片的气孔、枝条的芽痕和果实的皮孔侵入，潜育期为7～14天。春季溃疡斑是该病的主要初侵染源。夏季气温高，湿度小，溃疡斑易干燥，外围的健康组织容易愈合，所以溃疡斑中的病菌在干燥条件下经10～13天即可死亡。气温为19℃～28℃、空气相对湿度为70%～90%的环境条件利于发病。该病一般于5月份出现，7～8月份发病严重。该病的发生与气候、树势、管理水平及品种有关。温度适宜，雨水频繁或多雾、重雾季节发病重。树势强比树势弱发病轻且较晚，树势强病害潜育期可达40天。果园地势低洼、排水不良、通风透光差、偏施氮肥等发病重。早熟品种比晚熟品种发病轻。

2. 霉斑穿孔病 病菌以菌丝体或分生孢子在被害叶、枝梢或芽内越冬。桃树枝条或芽外覆有胶质层，利于病菌抵抗低温。翌年越冬病菌产生分生孢子，借风雨传播，先从幼叶侵入，产生新的分生孢子后，才侵入枝梢或果实。该病潜育期因温度不同而差异较大，在叶部上潜育期一般为5～14天，枝条上为7～11天。低温多雨利于发病，一年当中病害的发病高峰一般出现在雨水多的时期。

3. 褐斑穿孔病 病菌以菌丝体在病叶或枝梢组织内越冬，翌春气温回升，降水后产生分生孢子，借风雨传播，侵染叶片、枝梢和果实。病部产生的分生孢子可进行再侵染。病菌发育温度为7℃～37℃，适温为15℃～28℃。低温多雨有利于病害发生和流行。

【防治方法】 加强果园的栽培管理，增强树势。合理施肥，增施有机肥，避免偏施氮肥；对地下水位高或土壤黏重的桃园，要改良土壤，及时排水；合理整形修剪，结合冬剪，及时剪除病枝，彻底清除病叶，集中烧毁或深埋。早春桃树萌芽前喷5波美度石硫合剂，或45%晶体石硫合剂30倍液、45%代森铵200～400倍液、1.5%噻霉酮400～600倍液、1∶1∶100的波尔多液，喷药时间最好选择天晴无风的日子；展叶后喷药防治，有效药剂有65%代森锌500～600倍液、50%多菌灵600～800倍液、70%甲基硫菌灵800～1 000倍液、硫酸锌石灰液（由0.5 kg硫酸锌、2 kg石灰、100～125L水）、72%的农用链霉素1 000～15 000倍液；生长期多雨季节，可喷灭菌丹、克菌丹或代森锰锌等。

三、桃黑星病

黑星病又名疮痂病、黑点病、黑痣病，世界各核果栽培区都有分布。最初误认为是一种生理性病害，至1877年才确定为真菌病害。我国于1921年首次报道有该病发生，目前我国各桃产区均有发生，尤以北方桃区受害较重。除桃外，该病还危害梅、杏、李、扁杏等核果类果树。树种间以桃和青梅发病重，杏、李等次之。桃树中，以中晚熟品种受害重。

【症　状】 主要危害果实，也危害叶片和枝梢。果实受害多发生在果肩部。最初出现暗绿色的圆形小斑点。后扩大成2～3 mm的黑褐色痣状病斑，且病斑周围始终保持绿色。严重时，病斑聚合连片成疮痂状。病斑只限于果皮，不深入果肉。表皮组织染病坏死后，果肉继续生长，致使果实表面发生龟裂，但裂口浅而小，果实一般不腐烂。病斑多出现于果实的阳面，尤以果肩部为多。果梗受害后变褐干缩，常引起落果。叶片受害，背面出现不规则形或多角形灰绿色至紫红色的病斑，大小为0.5～1 mm。以后病斑干枯脱落，形成穿孔。枝梢受害后出现稍隆起、长圆形、浅褐色至黑褐色的病斑，大小为3～6 mm，并伴有流胶。病、健交界明显，病菌仅限表层危害。病斑表面可密生黑色小粒点，此即分生孢子丛。

【病　原】 病原有性态为嗜果黑星菌 *Venturia carpophila* Fisher，属子囊菌亚门球壳目黑星菌属真菌，我国目前尚未发现。无性态为嗜果枝孢菌 *Cladosporium carpophilum* Thüm.，属半知菌亚门丝孢目枝孢属真菌。

【发病规律】 病菌以菌丝体在枝梢病组织中越冬。翌年春季，气温上升，病菌产生分生孢子，通过风雨传播，进行初侵染。分生孢子萌发后直接突破表皮或从叶背气孔侵入，不深入下层组织及细胞内，只在角质层与表皮细胞间扩展、定殖，形成束状或垫状菌丝体。此病的特点是病菌侵入后潜育期长，果实上为40～70天，新梢或叶片上为25～45天，然后再产生分生孢子梗及分生孢子，进行再侵染。在我国南方桃区，5～6月份发病最盛；北方桃园的果实一般在6月份开始发病，7～8月份发病率最高，病害潜育期为 20～36 天。果实病斑上形成的分生孢子，是果实重复侵染源。由于潜育期长，再侵染对早熟品种影响不大，而对晚熟和中熟品种危害较重。枝条多在夏末发病，秋季产生分生孢子，对当年再侵染作用不大，但对于病菌越冬和翌年春季初侵染有重要作用。枝梢的感染几乎与果实同时发生，经过约 30 天的潜育期出现病斑。枝条在染病后 1～2 年内病斑还可形成分生孢子进行再侵染，到第三年老病斑上的菌丝已失去活力。

多雨潮湿天气有利于病害的流行，尤以春季和初夏降水多少是决定此病能否大发生的主要条件。果园低湿，排水不良，枝条郁密，修剪粗糙等，均能加重病害的发生。品种间的发病轻重明显不同。由于本病潜育期较长，早熟品种可在症状出现前采收，所以病害发生轻；中、晚熟品种在采收时症状已充分暴露，故发病重。油桃因其果实表面无茸毛，病菌孢子易于密集附着表皮，故病情重。

【防治方法】

1. 清除病残体 冬天修剪时，应彻底剪除树上的枯枝病梢，清除树上菌源，以减少病菌在生长期间的侵染机会。

2. 药剂防治 桃树萌芽前，喷布铲除剂 3～5 波美度石硫合剂，可以减轻初侵染时的程度或使之延迟发生。生长期喷药防治：落花后半个月至 7 月份，每隔 15 天选喷下列杀菌剂：40％氟硅唑、25％苯醚甲环唑、80％代森锰锌、70％代森铵、12.5％的腈菌唑、25％多菌灵、70％甲基硫菌灵和 12.5％烯唑醇，防效良好。

3. 加强栽培管理 合理施肥，提高树体抗病力，改善果园微生态条件。选择适当树形和密度，防止树冠相互交接，改善树冠内的通风透光条件。雨后要及时排水，降低湿度，使之造成不利于病菌侵染的环境。

第二节　桃害虫及防治

一、桃蛀螟

【分布与为害】　桃蛀螟 *Dichocrocis punctiferalis* (Guenee)，属鳞翅目螟蛾科，又名桃斑螟、桃蠹螟，俗称桃蛀心虫、食心虫。桃蛀螟在我国分布遍及南北各地。寄主有桃、李、杏、石榴、梨、枣、樱桃、苹果、柿、核桃、板栗、无花果、高粱、玉米、粟、向日葵、蓖麻、姜、棉花和松树等。

桃蛀螟以幼虫食害果实、种子，受害果梗处留有附着虫粪的丝筒。水果类果实受害后，除果内有颗粒状虫粪外，还能引起流胶、腐烂、脱落、干果。初孵幼虫为害桃果时，多在果梗、果蒂基部或果与叶接触处吐丝作幕潜食，不久从果梗基部钻入果内，沿果核蛀食果肉，同时不断排出褐色粪便，堆在虫孔中有丝连接，并有黄褐色透明胶质。前期为害幼果，使果实不能发育，变色脱落或成僵果，虫害果常并发褐腐病。向日葵、高粱等作物的种子被蛀后，种仁被食尽，仅剩空壳。

【形态特征】

1. 成虫　体长 9～14 mm，翅展 20～26 mm，黄色至橙黄色，体、翅表面具许多黑斑点似豹纹：胸背有 7 个；腹背第一和 3～6 节各有 3 个横列，第七节有时只有 1 个，2、8 节无黑点，前翅 25～28 个，后翅 15～16 个，雄虫第九节末端黑色，雌虫不明显(图 5-1)。

2. 卵　椭圆形，长 0.6～0.7 mm，宽 0.3～0.5 mm，表面粗糙布细微圆点，初乳白色，后渐变为橘黄色、红褐色。

3. 幼虫　体长 20～22 mm，体色多变，有淡褐色、浅灰色、浅灰蓝色、暗红色，腹面多为淡绿色。头暗褐色，前胸盾片褐色，臀板灰褐色，各体节毛片明显，灰褐色至黑褐色，背面的毛片较大，1～8腹节气门以上各具6个，成2横列，前4后2。气门椭圆形，围气门片黑褐色突起。腹足趾钩为不规则的3序环。

4. 蛹　长13 mm左右，初为淡黄绿色后变为褐色，5～7腹节的背面前后缘有深褐色突起线，沿突起线上着生小齿1列，臀棘细长，末端有曲刺6根。

5. 茧　长椭圆形，灰白色。

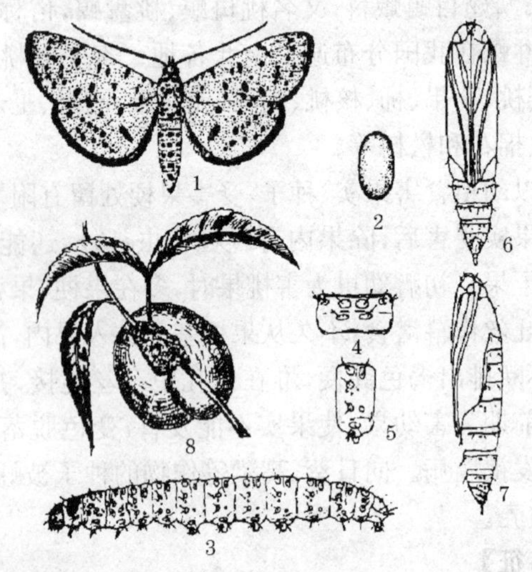

图5-1　桃蛀螟

1. 成虫　2. 卵　3. 幼虫　4. 幼虫第四腹节背面观
5. 幼虫第四腹节侧面观　6. 蛹腹面观　7. 蛹侧面观　8. 桃果被害状

【发生规律】　该虫在辽宁1年发生1～2代，河北、山东、陕西为3代，河南为4代，长江流域为4～5代，均以老熟幼虫在向日葵籽及玉米、高粱果穗和残株内以及桃树皮、松树皮或板栗果堆仓库越冬。

成虫多于傍晚羽化，白天静伏在寄主植物的叶背，傍晚以后活动，取食花蜜和吸食桃、葡萄等熟果的汁液，有较强的趋光性；对糖、醋有趋化性。卵历期约 3 天。夜间产卵，卵多产在枝叶茂密的桃、板栗、龙眼、荔枝等果实上，或产在松树的嫩枝上。桃树以枝叶较密及留果较多的树上，以及两果相接处产卵较多。果实发病以胴部最多，果肩次之，缝合线处最少。早熟品种上见卵一般较中、晚熟品种早。晚熟桃上比中熟桃上着卵多。卵多于清晨孵化，初孵幼虫孵化后多从果梗、果蒂基部或果与叶及果与果相接处蛀入，蛀入后直达果心。果外有蛀孔，常由孔中流出胶质，被害果内和果外都有大量褐色颗粒状虫粪。一个桃果内常有数条幼虫，部分幼虫可转果为害。幼虫有 5 龄，老熟后多在果柄处或两果相接处化蛹。

在河南、河北等地，1 代幼虫于 5 月下旬至 6 月下旬先在桃树上为害，2～3 代幼虫在桃树和高粱上都能为害。第四代幼虫则在夏播高粱和向日葵上为害，以 4 代幼虫越冬。翌年越冬幼虫于 4 月初化蛹，4 月下旬进入化蛹盛期，4 月底至 5 月下旬羽化，越冬代成虫把卵产在桃树上。华北地区，1 代幼虫在桃上为害，2 代幼虫在向日葵、柿、石榴、板栗上为害。

桃蛀螟幼虫期天敌有黄眶离缘姬蜂，蛹期天敌有广大腿小蜂等。

【防治方法】　由于桃蛀螟寄主多，且有转主为害的特点，在防治方面，应以消灭越冬幼虫为主，结合果园管理除虫。桃果不套袋的果园，要掌握在关键时期喷药防治。

1. 农业防治　冬季要及时烧毁玉米、高粱、向日葵等作物的残株，将桃树老翘树皮刮净，集中处理，消灭越冬幼虫。桃树要合理修剪，合理留果，避免枝叶和果实密接。及时摘除虫果，捡拾落果，消灭果内幼虫。桃园内不间作玉米、高粱、向日葵等作物，减少虫源。也可在桃园种植少量向日葵，以引诱成虫产卵，然后集中在向日葵上防治。

2. 诱杀成虫 在桃园内安装黑光灯或用糖醋液诱杀成虫。

3. 果实套袋 掌握在越冬代成虫产卵盛期前(5月下旬前)，及时套袋保护果实，可兼防桃小食心虫、梨小食心虫和卷叶蛾等多种害虫。

4. 化学防治 在各代卵期和第一、第二代幼虫孵化初期，喷洒40%马拉硫磷1 500倍液、敌百虫、45%高效氯氰菊酯2 000倍液、48%毒死蜱1 500倍液、25%灭幼脲1 200～1 500倍液等药剂。以上化学杀虫剂应在果实采收前15天停止施用。

二、桃 蚜

【分布及为害】 桃蚜 *Myzus persicae* (Sulzer)，又称烟蚜、桃赤蚜，属同翅目蚜科。桃蚜分布极广，遍及全世界，在我国也分布普遍。寄主植物广泛，已知寄主植物有352种。其中越冬及早春寄主以桃为主，其他寄主有梨、李、梅、樱桃等蔷薇科果树；夏、秋寄主作物主要有白菜、甘蓝、萝卜、芥菜、芸苔、甜椒、辣椒、茄子、油菜、菠菜、烟草等多种作物。桃蚜可传播多种病毒病，是十字花科蔬菜、烟草、蔷薇科多种果树、花卉以及中草药的常见多发性害虫，也是保护地种植业中的重要害虫。植物被害后，叶片变黄，呈不规则卷曲，最后干枯、脱落。

【形态特征】

1. 无翅胎生雌蚜 体长2.2 mm，淡黄绿色、乳白色或赭赤色，额瘤显著内倾，触角长为体长的0.8倍。腹管圆筒形，与触角第六节鞭部同长，为尾片的2.3倍。尾片圆锥形，近端部2/3收缩，有毛6根或7根(图5-2)。

2. 有翅胎生雌蚜 体长2.2 mm。头胸部黑色，腹部淡绿色，腹节背片3～6节有1个黑色背中大斑，腹节背片第八节有1对突起。触角为体长的0.78～0.95倍，第三节有小圆形次生感觉圈

9～11 个，在外缘排成 1 行。

3. 有翅雄蚜　体长 1.3～1.9 mm，体色深绿色、灰黄色、暗红色或红褐色，头胸部黑色。

4. 卵　椭圆形，长 0.5～0.7 mm，初为橙黄色，后变成漆黑色而有光泽。

【发生规律】　每年发生 10～30 代，生活史复杂。在北方地区，多数情况下桃蚜为全周期型（迁移型），具有季节性的寄主转移习性，即晚秋大部分桃蚜可迁移至蔷薇科果树——第一寄主（越冬寄主主要是桃树）产生雄蚜和雌蚜，交尾产卵。卵主要在芽腋、小分枝或枝梢的裂缝里越冬。翌年 3～4 月份越冬卵孵化为干母，在越冬寄主上营孤雌胎生，繁殖数代皆为干雌。晚霜以后产生有翅胎生雌蚜，迁飞到蔬菜、烟草等作物（第二寄主、侨居寄主）上营孤雌胎生，繁殖出无翅胎生雌蚜为害，形成 6～7 月份和秋季 9～10 月份两个为害高峰。晚秋，当寄主衰老、不利于桃蚜生活时，产生有翅性母蚜，迁飞到越冬寄主上，产出无翅卵生雌蚜和有翅雄蚜，雌雄交尾后，在越冬寄主植物上产卵越冬。越冬卵抗寒力很强，即使在北方高寒地区也能安全越冬。还有一小部分

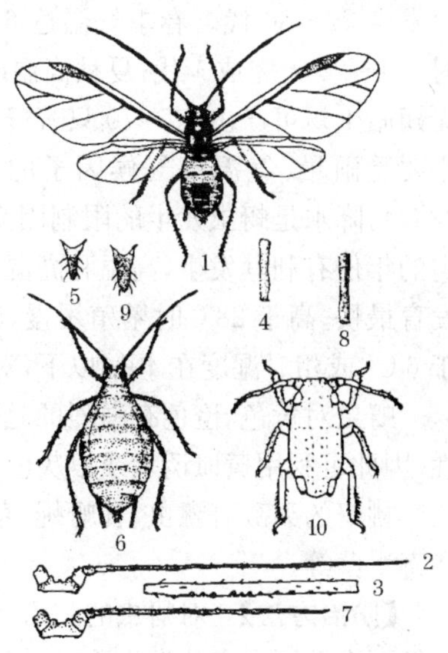

图 5-2　桃　蚜

1～5. 有翅胎生雌蚜　2. 触角　3. 触角第三节　4. 腹管　5. 尾片　6～9. 无翅胎生雌蚜　7. 触角　8. 腹管　9. 尾片　10. 一龄若蚜

为半周期型(留守型),年生活史均以孤雌生殖来完成,只在蔬菜上发生,晚秋在菜心里产卵越冬,翌年孵化、繁殖继续为害。由于桃蚜无滞育现象,北方地区冬季可在温室内的茄果类蔬菜上继续繁殖为害。

桃蚜繁殖很快。在华北地区1年可发生10余代,长江流域1年发生20～30代。春季气温达6℃以上时开始活动。早春晚秋时,19～20天完成1代;夏秋高温时期,4～5天可繁殖1代。1只无翅胎生蚜可产出60～70只若蚜。桃蚜在不同年份发生量不同,主要受雨量、气温等气候因子的影响。如果气温适中(16℃～22℃),降水是蚜虫发生的限制因素。一般冬季温暖、早春雨水均匀的年份有利其发生,高温和高湿均不利于发生。桃蚜在24℃时发育最快,高于28℃时繁殖缓慢,5天内平均气温超过30℃或低于6℃,或相对湿度在40%以下,对其繁殖均不利,数量下降。

蚜虫对黄色、橙色有强烈的趋性,绿色次之,对银灰色有负趋性,因此可利用黄皿诱杀或银灰色薄膜避蚜。

桃蚜的天敌有瓢虫、食蚜蝇、草蛉、烟蚜茧蜂、菜蚜茧蜂、蜘蛛和寄生菌等。

【防治方法】 对蚜虫的防治,策略上重点防除无翅胎生雌蚜,一般要求控制在点片发生阶段,将蚜虫控制在毒源植物上,消灭在迁飞前,即在有翅蚜产生之前防治。

1. 农业防治

(1)合理规划园田 桃树行间或桃园附近,不宜栽培十字花科蔬菜、烟草等夏季寄主。

(2)清洁果园 结合果园管理,清洁园地,铲除杂草,剪除残枝败叶,特别注意剪除或间去虫枝、虫叶,防止蔓延扩散;结合冬季修剪,剪除虫卵枝及被害枝,集中烧毁。

2. 生物防治 主要是保护利用天敌,尽量少用广谱性农药,选用适合的生物农药。如2.5%鱼藤酮乳油或25%硫酸烟碱乳油

50 mL,对水 30～40L,或 0.3%苦参碱水剂或 0.3%印楝素乳油 1 000倍液喷雾。

3. 化学防治　桃树花芽露红期喷药一次,可基本控制桃蚜为害。生长期喷药时要侧重叶片背面。可选药剂有:氰戊菊酯、溴氰菊酯、马拉硫磷、吡虫啉或抗蚜威等。使用方法参见产品说明。

三、桃 瘤 蚜

【分布与为害】　桃瘤蚜 *Myzus momonis* Mats.,又叫桃瘤头蚜。属同翅目蚜科。桃瘤蚜分布遍及全国,除为害桃外,还可为害李、杏、梅、樱桃和梨等,夏秋寄主为艾蒿及禾本科植物。桃瘤蚜刺吸嫩枝、嫩叶汁液,桃叶背面受害后,由叶缘向背面纵卷,肿胀扭曲呈绳状,由绿色变为红色的伪虫瘿,虫体在卷叶内为害,受害处叶肉增厚,鲜嫩,最后干枯脱落。

【形态特征】

1. 无翅胎生雌蚜　体长 2 mm 左右,深绿色或黄褐色,中胸两侧有小型瘤状突起,腹部背面有黑色斑纹(图 5-3)。

2. 有翅胎生雌蚜　体长 1.8 mm 左右,淡黄褐色。

3. 若蚜　若蚜与无翅成蚜相似。

4. 卵　椭圆形,黑色。

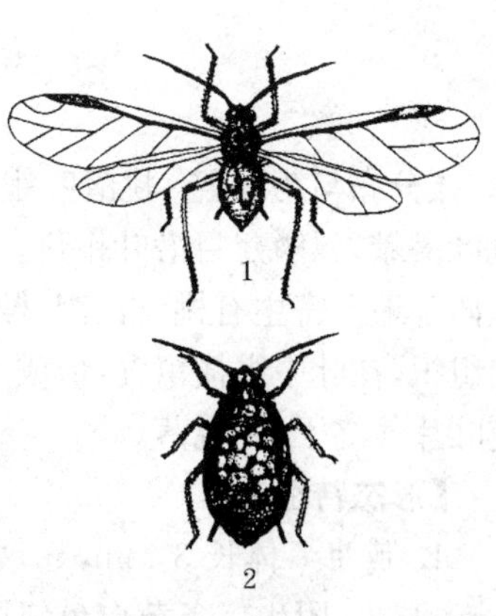

图 5-3　桃瘤蚜

1. 有翅胎生雌蚜　2. 无翅胎生雌蚜

【发生规律】　北方果区 1 年发生 10 多代。以卵在桃、樱桃等枝条的腋芽处越冬，翌年春当桃芽萌动后，卵开始孵化。成、若蚜群集叶片背面繁殖为害。北方果区 5 月份始见蚜虫为害，6～7 月份大发生，并产生有翅胎生雌蚜迁飞到艾草上，晚秋 10 月份又迁飞到桃、樱桃等果树上，产生有性蚜，产卵越冬。

桃瘤蚜的天敌有瓢虫、食蚜蝇、草蛉等。

【防治方法】 为害期的桃瘤蚜迁移活动性不大，可利用这种特性进行防治。

1. 农业防治 及时发现并剪除受害枝梢烧掉是防治桃瘤蚜的重要措施。结合冬剪，剪除有虫卵的枝条。

2. 生物防治 注意保护和利用天敌(可参考桃蚜)。

3. 化学防治 芽萌动期，用拟除虫菊酯类药剂喷雾，消灭初孵若蚜。桃瘤蚜在卷叶内为害，叶面喷雾防治效果差，喷药最好在卷叶前进行，或喷洒内吸性强的药剂，以提高防治效果。5～6 月份为害高峰期，可喷吡虫啉、啶虫脒等药剂。其他防治方法可参考桃蚜。

四、桃潜叶蛾

【分布与为害】 桃潜叶蛾 *Lyonetia clerkella* Linnaeus，又名桃叶潜蛾，属鳞翅目潜叶蛾科。桃潜叶蛾分布于河南、山东、河北、陕西等地。寄主有桃、杏、李、樱桃、苹果和梨。主要以幼虫潜食叶肉组织，在叶中纵横窜食，形成弯曲的虫道，并将粪粒充塞其中，致使叶片最终干枯、脱落。

【形态特征】

1. 成虫 体长 3 mm，翅展 6 mm，体及前翅银白色，前翅狭长，先端尖，附生 3 条黄白色斜纹，翅先端有黑色斑纹，前后翅都具有灰色长缘毛(图 5-4)。

2. 卵 扁椭圆形，无色透明，卵壳极薄而软。

3. 幼虫 体长 6 mm,胸淡绿色,体稍扁。有黑褐色胸足 3 对。

4. 茧 扁枣核形,白色,茧两侧有长丝可粘附于叶上。

【发生规律】 1 年发生 5～8 代,以蛹在树叶、树皮内,以及杂草、落叶和石块上结一白色透绿茧越冬。翌年 4 月份桃展叶后,成虫羽化,夜间将卵散产于叶表皮内,在叶表形成 1 个圆形卵包。成虫有趋光性。幼虫孵化后,在叶组织内潜食为害,形成弯曲隧道,并排粪于其中,表皮不破裂,可由叶面透视。叶片受害后枯死脱落。幼虫老熟后在叶内或脱叶吐丝结白色薄茧化蛹。20～30 天完成 1 代,世代不整齐。一般 5 月上中旬发生第一代成虫,以后每月发生 1 代,最后一代发生在 11 月上旬。

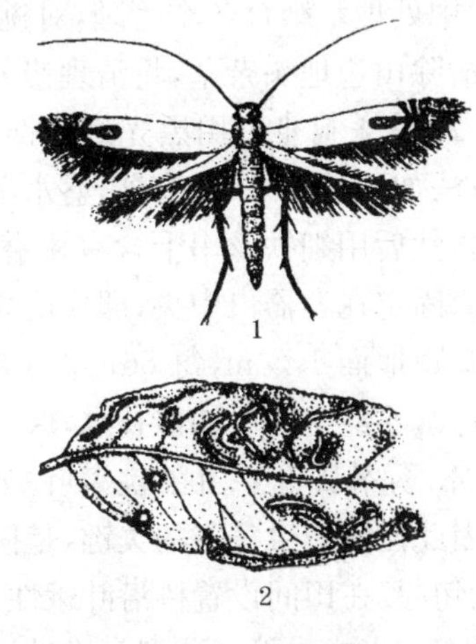

图 5-4 桃潜叶蛾

1. 成虫 2. 被害状

该虫在北京地区每年发生 5 代,以蛹在枝干的翘皮缝、被害叶背及树下杂草丛中,结白色薄茧越冬。翌年 4 月下旬至 5 月初成虫羽化,夜间产卵于叶表皮内。孵化后的幼虫呈浅绿色,受震动后会吐丝下垂。幼虫老熟后从蛀道脱出,在树干翘皮缝、叶背及草丛中仍结白色薄茧化蛹。5 月底至 6 月初发生第一代成虫。以后每月发生 1 代,直至 9 月底至 10 月初发生第五代。

【防治方法】

1. 农业防治 桃潜叶蛾越冬场所复杂。要全面清理越冬场所,降低虫口基数,是防止翌年发生危害的关键。受害比较严重的桃园,冬季修剪时要适当加重修剪量,将树上病虫枝、枯枝及伤残枝彻底剪除。用刮刀或其他器具刮除老树皮，尤其是在有该虫越冬迹象的地方需要认真刮净，刮后涂刷石硫合剂浆液，刮除的树皮要集中处理。结合冬季管理，对桃园土壤实行深翻。清扫枯枝落叶，清除田边地头杂草，将清理修剪下的枝叶集中烧毁。

2. 诱杀成虫　用黑光灯或性诱剂诱杀成虫。性诱剂诱杀成虫方法如下：选一广口容器，盛水至离边沿 1 cm 处，水中加少许洗衣粉，然后用细铁丝串上含有桃潜叶蛾成虫性外激素制剂的橡皮诱芯，固定在容器口中央，即成诱捕器。将制好的诱捕器悬挂于桃园中，距地面 1.5 m，每 667 平方米挂 5～10 个。夏季气温高，蒸发量大，要经常给诱捕器补水，保持水面的适当高度。

3. 药剂防治　由于桃潜叶蛾 1 年发生多代，且世代重叠严重，因此控制该虫危害的关键，是搞好 1、2 代幼虫的防治。每年 4 月上旬起，在田间设置桃潜叶蛾性引诱剂，监测桃潜叶蛾成虫的发生动态。当成虫发生达到高峰时，即可组织开展喷药防治。

果树休眠期喷施 5%矿物油乳剂，或 0.1%二硝甲酚油乳剂 1 次，可以消灭越冬蛹。成虫发生期，集中种植与分户承包的桃园，对桃潜叶蛾的防治工作必须同步开展。选择高效、安全、低毒农药，以 25%灭幼脲 2 000 倍液和 4.5%高效氯氰菊酯 2 000 倍液混合使用效果较好。其他药剂还可选用杀螟硫磷、敌敌畏、溴氰菊酯或三苯氯氰菊酯等。

五、朝鲜球坚蚧

【分布与为害】　朝鲜球坚蚧 *Didesmococcus koreanus* Borchs.，又名朝鲜球坚蜡蚧、杏球坚蚧、桃球坚蚧、杏毛球蚧等，俗名树虱子。属同翅目蜡蚧科。分布在黑龙江、吉林、辽宁、河北、河南、山东、陕西、宁夏、湖北等地。寄主植物有李、杏、桃、樱桃、苹果、梨，其中以桃、杏受害重。以若虫、雌成虫固着在寄生枝条上，吸食树液,并排出大量黏液。寄主枝条上经常介壳累累,导致树势极度衰弱,造成死枝、死树。

【形态特征】

1. 雌成虫 虫体近球形,后面垂直,前面和侧面下部凹入。触角6节。足跗节冠毛和爪冠毛细长。胚环发达,胚环毛有6根粗毛和2列较细的环毛。具盘状腺,大小不同,所含孔数也不同。气门腺很宽,较大的多孔腺在腹板上集成宽带。暗框孔大量分布于体中分节部分及腹面体缘,在头、胸之腹面亦可见到。大盘孔分布于体背其他部位。沿体缘有不同长度和粗度的细刺,体背毛粗,集成大群于胚板之前,第四腹板上有成对毛,其他体面也具刺状毛(图5-5)。

2. 雄成虫 体长2 mm,赤褐色。有发达的足和1对前翅,半透明,翅脉简单。腹末端外生殖器两侧各生有较长的1条白色蜡质长毛。介壳长扁圆形,蜡质表面光滑,长1.8 mm ,宽1 mm。近化蛹时,介壳与虫体分离。

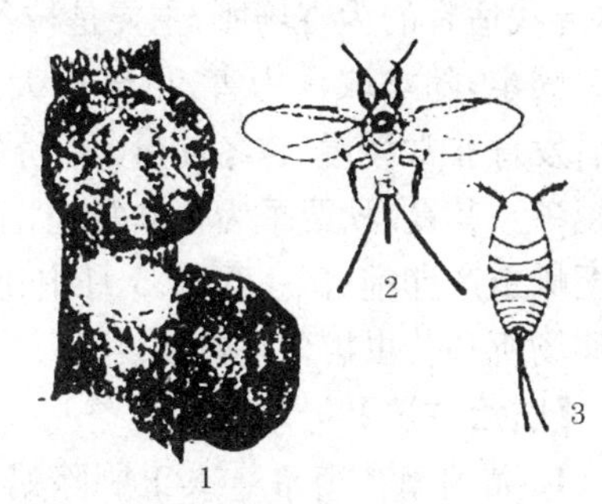

图5-5 朝鲜球坚蚧

1. 雌成虫 2. 雄成虫 3. 若虫

3. 卵 椭圆形,长约0.3 mm。粉红色,半透明,附着一层白色蜡粉。

4. 若虫 初孵若虫,体椭圆形,体背隆起,体长0.5 mm左右,淡粉红色。腹部末端有2条细毛,活动力强。固着后的若虫体背覆盖丝状蜡质物。口器橙黄色丝状,插于寄主组织内。越冬后的若虫,体背淡黑色,并有数十条黄白色的条纹,上被极薄的蜡层。

5. 蛹 裸蛹,体长1.8 mm,赤褐色,腹末有1黄褐色刺状突。

【发生规律】 1 年发生 1 代,多以二龄若虫固着在枝条(多 1 年生)裂缝和叶痕基部越冬,个别介壳虫以卵越冬,越冬虫体上覆盖着蜡壳。翌年 3 月上中旬若虫开始活动,首先从蜡堆的蜕皮中爬出,寻找新的地点(枝条)取食为害,并固定不再移动,同时向体外分泌蜡质,雌、雄开始分化。雄性若虫于 4 月上旬分泌蜡质形成介壳,在内蜕皮化蛹,4 月中旬羽化为成虫。雌性若虫于 3 月下旬蜕皮 1 次,羽化为成虫,并继续在壳内取食为害,体背逐渐变大成半球形,4 月下旬至 5 月上旬在壳下与羽化的雄成虫交尾。雄成虫寿命很短,只有 2 天左右。交尾后的雌虫体迅速膨大并逐渐硬化成蜡质介壳,并产卵于虫体下面。5 月中旬为若虫孵化高峰期。若虫孵化后由母体臀裂处爬出,若虫较活泼,在枝条上爬行 2～3 天,寻找适宜的为害场所,主要是枝条(多为 1 年生)裂缝和叶痕基部并固定,随之取食为害,虫体长大,并分泌蜡质覆盖虫体表面。以后发育非常缓慢,越冬前(10 月份后)蜕皮 1 次(二龄)并在蜕皮下越冬。其夏、秋两季为害非常轻,主要为害时期在越冬代开始活动至雌虫产卵前(3 月下旬、5 月中旬),防治关键时期是越冬若虫转移场所和若虫孵化高峰期。

【防治方法】

1. 清明前的防治 人工刷除蜡质介壳。利用球坚蚧冬季以二龄若虫固着在枝干上越冬的特性,冬春用刮刀或小铲将寄生在枝干上的介壳及老树皮刮掉,并用泥浆涂干,以保护树干免受病菌侵染。注意刷下的介壳及老皮一定要集中烧毁。可喷施 3～5 波美度石硫合剂或 100 倍液机油或柴油乳剂或蚧螨灵,效果很好。可铲除蚜虫、叶螨、蚧虫,同时兼治干腐病、腐烂病、轮纹病。注意喷药要周到,做淋洗式喷布。石硫合剂在桃树上还可防治桃缩叶病。

2. 越冬出蛰后爬迁期的防治 此时为防治朝鲜球坚蚧的第一次关键时期。如未使用上面的药剂,可使用 10%吡虫啉可湿性粉剂4 000倍液，或48%毒死蜱乳油1 500倍液。这些药剂也可兼治蚜虫。

3. 第一代若虫孵化期的防治　在若虫孵化后未形成介壳前及时喷药，是防治的关键。这个时期仅几天时间，待蜕皮形成介壳后，因有蜡保护，药剂很难渗透蜡层。除春季使用的药剂外，还可使用杀扑磷、甲氰菊酯、啶虫脒或其他菊酯类农药。为提高药效可混加一些展着剂、增效剂等。受害严重时，可在5天后再喷一遍药。

4. 保护和利用自然天敌　可利用黑缘红瓢虫来防治该虫。1头黑缘红瓢虫一生可食2 000余头朝鲜球坚蚧。

5. 农业防治　通过增施有机肥等措施，加强果园肥水管理，增强树势，合理负载，提高树体抵抗力；合理密植和修剪，改善园地和树冠通风透光条件，恶化介壳虫类害虫的生活环境。

六、桑白蚧

【分布与为害】　桑白蚧 *Pseudaulacaspis pentagona*（Targioni－Tozzetti），又名桑盾蚧、桃介壳虫，属同翅目盾蚧科。

桑白蚧在我国分布很广，南北果区均有发生，是桃、李树的重要害虫。还可为害梅、杏、桑、茶、柿、无花果、杨、柳、丁香等多种果树林木。在河北、北京等地为害严重。以雌成虫和若虫群集固着在枝干上吸食养分，严重时，灰白色的介壳密集重叠，形成枝条表面凹凸不平，树势衰弱，枯枝增多，甚至全株死亡。若不加以防治，3～5年内可将桃园毁灭。

【形态特征】

1. 雌成虫　虫体橙黄色或橘红色，体长1 mm左右，宽卵圆形扁平，触角短小退化成瘤状，上有1根粗大刚毛。介壳灰白色，圆形，介壳背面有螺旋纹，壳点黄褐色，偏生一方（图5-6）。

2. 雄成虫 体长0.65～0.7 mm，翅展1.32 mm左右。体橙色或橘红色，前翅卵形，白色有细毛，介壳灰白色，背面有3条隆脊，壳点橙黄色，位于前端。

3. 卵 椭圆形，初产出时淡粉红色，渐变为淡黄褐色，孵化前为橘红色。

4. 若虫 初孵若虫淡黄褐色，扁卵圆形。触角5节，腹部末端具尾毛2根。

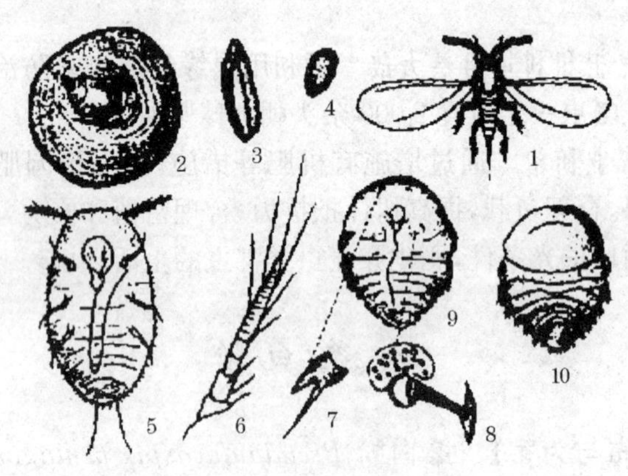

图5-6 桑白蚧

1. 雄成虫 2. 雌介壳 3. 雄介壳 4. 卵
5. 若虫腹面 6. 若虫触角 7. 雌成虫触角
8. 雌虫前气门 9. 雌虫腹面 10 雌虫背面

【发生规律】 各地区每年发生代数不同。北方1年发生2代，以第二代受精雌虫在枝条上越冬。3月中旬桃树萌动后吸食为害。4月下旬开始产卵，4月底至5月初为产卵盛期，雌虫产卵后就干缩死亡。卵5月上旬开始孵化，5月中旬为孵化盛期。6月中旬成虫开始羽化，6月下旬为羽化盛期。交尾后雄虫死亡，雌虫腹部逐渐膨大，7月中旬开始产卵，7月末为卵孵化盛期，若虫为害至8月中下旬开始羽化。交尾后，雌虫继续为害至秋末并越冬。

该虫的天敌有软蚧蚜小蜂、桑白盾蚧褐黄蚜小蜂、红点唇瓢虫和日本方头甲。

【防治方法】

1. 人工防治　因桑白蚧介壳较为松弛，可用硬毛刷或细钢丝刷刷除寄主枝干上的虫体（越冬和生长季节均可）。结合整形修剪，剪除被害严重的枝条。

2. 化学防治

（1）喷药防治若虫　各代若虫固定前的活动期，对药剂极为敏感；若虫一旦固定，很快分泌蜡质保护虫体，化学防治效果显著下降。因此，要抓住此关键时期，选择有效药剂，达到只用1次药剂就可控制其为害的目的。推荐使用48％毒死蜱1500倍液或40％杀扑磷1500倍液。

（2）树干注射法用药　在介壳虫发生严重的5年生以上果园，于越冬雌成虫虫体膨大前，在距地面50 cm处的树干上，垂直钻10 cm深的孔洞，深度至树干髓部，再用医用针管吸取具有内吸传导作用的40％乐果或10％吡虫啉可湿性粉剂5倍液2～3 ml注入孔洞，防治介壳虫类及螨类效果甚佳。此技术还具有省药、见效快、污染轻的优点。

3. 保护利用天敌　田间寄生蜂的自然寄生率比较高，有时可达70％～80％；此外，瓢虫、方头甲、草蛉等的捕食量也很大，均应注意保护。一些害虫天敌在翘皮下、裂缝中越冬，故刮皮后可将刮下的老皮、翘皮收集到一起，放于纱笼内饲养，将收集到的天敌（瓢虫、草蛉等）释放于田间，然后将树皮烧毁。另外，桑白蚧恩蚜小蜂于桑白蚧越冬虫态内越冬，故冬剪下来的带虫枝可悬挂于果园内，等到5月中下旬寄生蜂羽化后，再将枝条烧毁。同时，化学防治应抓住介虫孵化盛期喷药，可达到既保护天敌，又消灭介壳虫的目的。

七、桃红颈天牛

【分布与为害】 桃红颈天牛 *Aromia bungii*（Faldermann），属鞘翅目天牛科。除东北的黑龙江、吉林，西北的新疆、宁夏和西南的云南、贵州及西藏地区尚未有记录外，其余各省、自治区和直辖市均有发生，而以山东、山西、河北、河南、内蒙古、陕西发生比较普遍，特别是丘陵地区的杏、桃树受害更重。寄主除杏、桃外，还有李、梅、樱桃等。

以幼虫在寄主树干基部附近的皮下，为害形成层和木质部，蛀成隧道，造成树干中空，皮层脱离。受害轻时，生机衰退，春季发芽晚，果量锐减；受害重者，则整株死亡。

【形态特征】

1. 成虫 体长 26～37 mm，体黑色、光亮。前胸背板棕红色或黑色，触角和足黑蓝色。雄虫触角远长于体长，雌虫触角和体约等长。前胸背两侧各有 1 刺突，背面有 4 个瘤状突起。

2. 卵 长 6～7 mm，上端较尖，下端较钝圆，颜色浅绿色，后变为淡黄色，光滑，略呈芝麻形。

3. 幼虫 体长 50 mm 左右，黄白色。前胸背板扁平方形，侧缘和前缘具 4 个黄褐色斑。腹部 9、10 节常向体内陷。

4. 蛹 长 6 mm，淡黄白色。前胸两侧和前缘中央各有突起一个。

【发生规律】 华北地区每 2 年发生 1 代，以幼虫在树干蛀道内过冬。翌春恢复活动，在皮层下和木质部钻蛀形成不规则的隧道，并向蛀孔外排出大量红褐色虫粪及碎屑，堆满树干基部地面，5～6 月份为害最甚，严重时树干全部被蛀空而死。5～6 月份老熟幼虫黏结粪便、木屑，在木质部做茧化蛹。6～7 月份成虫羽化后，先在蛹室内停留 3～5 天，然后钻出，经 2～3 天交尾。在河北地区，成虫于7月上中旬盛见；山东成虫于7月上旬至8月中旬出现；北京7月中旬至8月中旬为成虫出现盛期。常见成虫于午间在枝条上栖息或交尾。卵产在主干、主枝的树皮缝隙中。幼壮树仅主干上有裂缝，老树主干和主枝基部都有裂缝可供产卵。一般近土面35 cm以内树干产卵最多，产卵期为5～7天。产卵后不久成虫便死去。卵期8天左右。幼虫孵化后，头向下蛀入韧皮部，先在树皮下蛀食，经过滞育过冬，翌春继续向下蛀食皮层。至7～8月份，当幼虫长到体长30 mm后，头向上往木质部蛀食。再经过冬天，到第三年5～6月份老熟化蛹。幼虫老熟时用分泌物黏结木屑在蛀道内做室化蛹，经蛹期10天左右后羽化为成虫。幼虫期历时约1年零11个月。蛹室在蛀道的末端，成长幼虫越冬前就做好了通向外界的羽化孔。未羽化外出前，孔外树皮仍保持完好。幼虫由上而下蛀食，在树干中蛀成弯曲无规则的孔道。蛀道可到达主干地面下60 cm，幼虫一生钻蛀隧道总长50～60 cm。在树干的蛀孔外及地面上，常大量堆积有排出的红褐色粪屑。树干中空，阻碍树液流通，造成树势衰弱，以致枯死。

幼虫期天敌有管氏肿腿蜂等。

【防治方法】

1. 农业防治　不偏施氮肥，加强树体管理，增强树势，降低天牛危害；及时清除天牛为害严重且难以恢复的虫源树，防止扩大传播。

2. 人工防治　利用天牛成虫的假死性，在6～7月份成虫发生期开展人工捕杀或振树捕杀。成虫出现期在一个果园一般不超过10余天，并且比较整齐，在此期间捕打成虫，收效较大。河北怀来县群众发现，桃红颈天牛在12～13时从树冠下到树干基部，群集休息，可以捕捉，连续数天，基本可以控制为害。9月份前，孵化的桃红颈天牛幼虫即在树皮下蛀食，这时可在主干与主枝上寻找细小的红褐色虫粪，一旦发现虫粪，即用锋利的小刀划开树皮，将幼虫杀死。在大幼虫为害阶段，根据枝上及地面的蛀屑和虫粪，找出被害部位后，用铁丝将幼虫钩杀。6 月上旬成虫产卵前，用涂白剂涂刷桃树枝干，防止天牛产卵，或在主干上绑草绳引诱产卵。涂白剂配方为：生石灰 10 份，硫黄（或石硫合剂渣）1 份，食盐 0.2 份，动物油 0.2 份，水 40 份，混合而成。在主干绑草绳引诱天牛产卵后，要将草绳集中灭卵（桃红颈天牛产卵在主干树皮缝内，距地面 35 cm）。

3. 生物防治　保护招引啄木鸟，对多种天牛有良好的控制作用。利用白僵菌和绿僵菌防治天牛幼虫，制成膏剂或粉剂放入幼虫虫道及蛀孔。保护利用寄生蜂。于 4～5 月份晴天中午，在桃园内释放肿腿蜂（红颈天牛天敌），杀死天牛小幼虫，开展生物防治。

4. 药剂防治　在虫洞内塞入磷化铝 0.1 g 或硫酰氟，或用注射器注入 50％乐果，50％辛硫磷，80％敌敌畏等 50 倍液 5～10 mL/孔，然后用泥封堵，对木质部活动幼虫防治效果好。在成虫发生量较大时，用 50％辛硫磷乳油 1 000 倍液等喷洒桃树主干，尤其要重点喷主干 1m 以下的部位，可消灭初孵幼虫或成虫。

5. 糖醋液诱杀成虫　6 月底至 8 月中旬成虫发生期，在桃园内每 20～30 m 挂糖醋液罐 1 个，诱杀成虫效果显著。

第六章　葡萄病虫害及防治

第一节　葡萄病害及防治

一、葡萄霜霉病

葡萄霜霉病是一种世界性葡萄病害，除高温干旱地区外，世界各地葡萄产区均有发生。病害严重时，病叶焦枯早落，病梢生长停滞、扭曲、枯死。果实染病后引起大量落果，严重地影响产量和品质。

【症　状】 主要危害叶片，也危害新梢、穗轴、叶柄、卷须、幼果、果梗及花序等幼嫩部分，叶正面形成多角形的黄褐色病斑，叶片背面产生白色的霜霉状物。

1. 叶片受害　初期在叶片正面出现不规则水渍状斑块，边缘不清晰，浅绿色至浅黄色，病斑互相融合后，形成多角形大斑，后期病斑变为黄褐色或褐色干枯，边缘界限明显，病叶常干枯早落。在潮湿的条件下，叶片背面出现白色霜状霉层（即病菌的孢囊梗和孢子囊），新梢、穗轴、叶柄、卷须感病，初期出现水渍状斑点，逐渐变为黄绿色至褐色微凹陷的病斑，表面产生白色霜状霉层，病梢生长停滞，发生扭曲，严重时枯死。

2. 果实发病　多在初期染病，幼果染病后，病部褪色并变成褐色，表面产生白色霉层，最后萎缩脱落。较大果粒感病时，呈现红褐色病斑，内部软腐，最后僵化开裂。果粒着色后，一般不再受侵染。感病果实含糖量低，品质变劣。

【病　原】 病原为葡萄生单轴霉 *Plasmopara viticola* (Berk. et Curtis) Berl. et de Toni，属鞭毛菌亚门卵菌纲霜霉目单轴霉属。有性生殖产生卵孢子，无性繁殖产生孢子囊，孢子囊萌发产生游动孢子。

【发病规律】 病菌以卵孢子在病组织中或随病叶在土壤中越冬，卵孢子寿命很长，在土壤中能存活 2 年以上。翌年，环境条件适宜时，卵孢子在水滴或潮湿土壤中萌发形成孢子囊，孢子囊借风雨传播到植株上，在游离水中萌发，并释放游动孢子。游动孢子从气孔或皮孔侵入，引起初侵染。经过一定的潜育期，再产生孢子囊，进行再侵染。后期病残体组织内形成大量卵孢子，可随病叶等病残组织落入土中越冬，成为翌年的初侵染源。

病害的发生和流行与气候条件密切相关，其中湿度是主导影响因子，温度、光照也有一定的关系。凡增加土壤、空气与寄主表面湿度的因子和白天无直射光以及阴暗的环境，如降水、大雾、阴天等，均有利于病菌侵入，其中降水最易引起病害流行。葡萄霜霉病侵染和发病的最适温度为 20℃～24℃，温度超过 30℃时，病组织内的菌丝就停止发育。较高的湿度有利于病原菌孢子的形成、萌发和侵入。

栽培管理是影响病害发生和流行的重要因素。浇水过多、排水不良、地势低洼、土质黏重、种植密度大、通风透光条件差、不重视夏季修剪、棚架过低、偏施氮肥和小气候潮湿，都有利于霜霉病的发生。

品种间的抗病性有明显的差异。一般来说，美洲种葡萄、夏葡萄、圆叶葡萄、沙地葡萄、心叶葡萄较抗病，欧亚种葡萄高度感病。一般抗病较强的品种有康拜尔早生、尼加拉、岚-5、镇-3、留-8、留-9等。感病品种有红地球、巨峰、新玫瑰香和甲州、粉红玫瑰、里查马特。

【防治方法】 防治该病主要应抓好三个关键环节，即采取清洁果园，减少初侵染源；加强栽培管理，降低小气候湿度并提高抗病能力；适时喷药，保护幼嫩组织。

1. 清洁果园　秋季结合修剪，及时收集并销毁带病残体，特别在晚秋要彻底清扫落叶，烧毁或深埋，减少越冬的菌源。发病始期发现染病花序、叶片和果粒，应及时摘除深埋。

2. 加强栽培管理　合理修剪，尽量剪去接近地面的不必要的枝蔓，使植株通风透光良好，降低空气相对湿度，以减少病菌初侵染的机会。要适时灌水，雨季注意排水。增施磷、钾肥，避免偏施氮肥，以提高植株的抗病力。对于常年严重发病的葡萄园，应考虑定植和更新抗病性较强的品种。

3. 施药保护　发病前，结合防治其他病害，喷布 1：0.7：200～240 波尔多液，对预防葡萄霜霉病有特效。发病后，在发病初期喷洒内吸性杀菌剂，常用药剂有：58％甲霜灵锰锌可湿性粉剂 600～800 倍液，90％乙膦铝可湿性粉剂 600 倍液，69％ 烯酰锰锌可湿性粉剂 1 500 倍液等。上述药剂要交替使用，隔 15～20 天喷一次，根据发病情况连续喷药 2～4 次。烯酰吗啉、松脂酸铜和琥珀酸铜等药剂，也有良好的防治效果。

二、葡萄白腐病

葡萄白腐病又称腐烂病、水烂病、烂穗病，全球分布，是葡萄的重要病害之一。我国北方产区，一般年份因该病发生所造成的果实损失率在 15％～20％，病害流行年份果实损失率达到 60％以上。

【症　状】　主要危害果穗、果粒、枝蔓和叶片等部位，其中主要危害果穗。穗轴和果粒受害后，往往造成穗轴腐烂，果粒脱落，损失最为严重。

1. 果穗受害　多发生在果实开始着色时期。一般先发生在接近地面的果穗尖端，首先在小果梗或穗轴上发生浅褐色、水渍状、不规则病斑，进而病部皮层腐烂，手捻极易与木质部分离脱落，并有土腥味。

2. 果粒感病 多从果柄处开始，逐渐蔓延至果粒。首先基部变淡褐色软腐，并迅速使整果变褐腐烂，果面密布白色小粒点（即病菌的分生孢子器），严重发病时常全穗腐烂，果穗及果梗干枯缢缩，病果和病穗极易脱落。果穗成熟前，病果粒略带黄色，外观不饱满，病菌的分生孢子器使寄主表皮层隆起，但不破裂，病果粒苍白色，最终脱落。有时病果不落，而失水干缩成有棱角的僵果，悬挂树上，长久不落。

3. 新梢发病 多在伤口（如摘心部位或机械伤口处）或节部发病。从植株基部发出的徒长枝，因组织幼嫩，很易造成伤口，发病率高。病斑呈水渍状，淡褐色，不规则，并具有深褐色边缘的腐烂斑。病斑纵横扩展，以纵向扩展较快，逐渐发展成暗褐色、凹陷、不规则形的大斑，表面密生灰白色小粒点。病斑环绕枝蔓一周时，其上部枝、叶由绿变黄，逐渐枯死。病斑发展后期，病皮呈丝状纵裂与木质部分离，如乱麻状。

4. 叶片发病 首先从植株下部近地面的叶片开始，然后逐渐向植株上部蔓延。多在叶尖、叶缘或有损伤的部位形成淡褐色、水渍状、近圆形或不规则形的病斑，并略具同心轮纹，其上散生灰白色至灰黑色小粒点，且以叶脉两边居多。后期病斑干枯，易破裂。叶部症状多在植株生长后期出现。

【病　原】 病原为白腐盾壳霉 *Coniothyrium diplodiella* (Speg.) Sacc.，属于半知菌亚门盾壳霉属，异名白腐垫壳孢 *Coniella diplodiwlla* (Speg.) Pet. & Syd.。无性繁殖产生分生孢子器和分生孢子。分生孢子单胞，暗褐色，卵圆形。

【发病规律】 病菌主要以分生孢子器、分生孢子或菌丝体随病残体遗留于地面和土壤中越冬。散落在地表和土壤中的病菌是翌年主要的初侵染源。病菌在土壤中的病残组织内可存活 4～5 年,残体腐烂分解后,病菌可在土壤中腐生 1～2 年。在各种病残体中,以病果带菌最为严重。分生孢子靠雨水溅散而传播,风、昆虫及农时操作亦可传播。病菌通过伤口侵入,冰雹造成的伤口最易引起侵染,但少数也可从表皮较薄处直接侵入,还可从蜜腺、皮孔、水孔等处侵入。病菌一般不侵入无伤口的果粒,但可以直接侵入果梗和穗轴。后在病斑上产生分生孢子器及分生孢子,分生孢子散发后引起再侵染。该病的潜育期最短为 3 天,最长 8 天,一般 5～6 天。由于潜育期短,再侵染次数多,因此该病流行性很强。

高温、高湿和伤口是病害发生和流行的主要因素。雨季早发病早,雨量大发病重,雨季长发病持续时间久。每逢雨后就出现一个发病高峰,特别是暴风雨或雹灾后,更易导致病害的流行。

环境及栽培方式与发病关系密切。土质黏重,地势低洼,通风不良的果园发病重;架下杂草丛生,枝蔓过密,架面郁闭,植株负载量过大,均有利于发病。篱架比棚架发病重,双篱架比单篱架发病重,越接近地面的果穗、新梢及叶片发病越重。

组织成熟度与发病轻重也直接相关,组织越接近老熟发病越重。

发病程度与寄主的生育期密切相关,一般从幼果期开始发病,着色期及成熟期发病达到高峰。

不同品种的抗病性存在差异。佳里酿、巨峰等高度感病;红玫瑰香、黄玫瑰香、上等玫瑰香、龙眼、吉姆沙等次之;感病较轻的品种有黑虎香、紫玫瑰香、保尔加尔等。

【病害预测】　葡萄白腐病的流行和气候条件关系密切。

1. 始发期　以病果出现为标志,发病的早晚与坐果后的雨水早晚和雨量大小,有密切关系。当旬雨量达 15 mm,其中最多一次达 6 mm,加上 5～6 天的潜育期,即可预测发病期的到来。

2. 盛发期　以病穗率达 10%为盛发期的低限。进入盛发期的早晚决定于7月上中旬大雨出现的时期，即以果实着色期的降水量为根据。当旬降水量或最大一次降雨量在60 mm以上，加上3～4天的潜育期，即可测报发病盛期到来。

3. 持续期 盛发期持续的长短，取决于雨季结束的早晚。

【防治方法】

1. 采后清园 生长季节要及时摘除病果、病叶，剪除病蔓。秋末埋土防寒前，要结合修剪，彻底剪除病穗、病蔓，扫净病果、病叶，摘净僵果，集中烧毁或运出园外深埋。发病前用地膜覆盖地面可防止病菌侵入果穗。

2. 加强栽培管理 提高结果部位。由于病害初次侵染源主要来自土壤，因此要适当提高果穗与地面间的距离，以减少病菌侵染的机会。及时摘心、绑蔓、剪副梢，使枝叶间通风透光良好，不利病菌蔓延。同时增施有机菌肥，增强树体的免疫能力，搞好果园排水工作，以降低田间湿度。

3. 药剂防治

(1)喷药保护 应掌握在花期前后始发期开始喷第一次药，以后每隔10～15天喷一次。喷药时如逢雨季，可在配制好的药液中加入助杀等展着剂，以提高药液黏着性。常用药剂有：40%氟硅唑或40%腈菌唑8 000倍液、25%苯醚甲环唑6 000倍液、80%代森锌可湿性粉剂800～1 000倍液、50%福美双或福美锌可湿性粉剂600～800倍液、70%甲基硫菌灵可湿性粉800倍液、50% 多菌灵可湿性粉剂800倍液、75%百菌清可湿性粉剂500～800倍液等。

(2)地面撒药 在重病园，可于病害始发期前，于地面撒药灭菌。常用药剂为福美双1份、硫黄粉1份与碳酸钙2份，三者混合均匀后，撒施在葡萄园地面上，每667m^2 撒1～2 kg，或用灭菌丹喷雾进行地面消毒。

三、葡萄黑痘病

葡萄黑痘病又名疮痂病、鸟眼病，是葡萄重要病害之一。黑龙江、吉林、辽宁、河北、河南、山东、山西、陕西、四川、云南、广西、广东、湖北、江西、安徽、江苏、浙江、台湾等地都有分布。在春、夏两季多雨潮湿的地区，发病甚重，常造成巨大损失。

【症　状】 主要危害葡萄的绿色幼嫩部位，如果粒、果梗、叶片、叶脉、叶柄、枝蔓、新梢和卷须等，其中以果粒、叶片、新梢为主，果穗受害损失最大。

1. 叶片、叶脉受害　一开始出现针头大红褐色至黑褐色斑点，周围有黄色晕圈。后期病斑扩大呈圆形或不规则形，中央灰白色，稍凹陷，边缘暗褐色或紫色，直径为1～4 mm，干燥时病斑自中央破裂穿孔，但病斑周缘仍保持紫褐色的晕圈。叶脉上病斑呈梭形，凹陷，灰色或灰褐色，边缘暗褐色。叶脉被害后，由于组织干枯，常使叶片扭曲、皱缩。

2. 幼嫩新梢、穗轴感病　穗轴发病使全穗或部分小穗发育不良甚至枯死。果梗患病可使果实干枯脱落或僵化。

3. 绿果受害　初为圆形深褐色小斑点，后扩大，直径可达5～8 mm，中央凹陷，灰白色，外部仍为深褐色，似“鸟眼”状。多个病斑可连接成大斑，后期病斑硬化或龟裂。病果小而酸，失去食用价值；染病较晚的果实仍能长大，病斑凹陷不明显，但果味较酸。病斑限于果皮，不深入果肉。空气潮湿时，病斑上出现乳白色的黏质物，此为病菌的分生孢子团。

【病　原】 有性阶段为*Elsinoe ampelina*(de Bary)Shear，属于子囊菌亚门痂囊腔属，我国尚未发现。无性阶段为*Sphaceloma ampelinum de* Bary，属于半知菌亚门痂圆孢属。分生孢子盘黑色，半埋生于寄主组织中。分生孢子椭圆形或卵形，无色，单胞，稍弯曲。

【发病规律】 病菌主要以菌丝体潜伏于病蔓、病梢等组织中越冬，也能在病果、病叶和病叶痕等部位越冬。病菌生活力很强，在病组织中可存活3～5年之久。翌年4～5月间产生新的分生孢子，借风雨传播。孢子发芽后，芽管直接侵入寄主，引起初次侵染。侵入后，菌丝主要在表皮下蔓延，以后在病部形成分生孢子盘，突破表皮，在湿度大的情况下，不断产生分生孢子，进行重复侵染。病菌近距离的传播主要靠雨水，远距离的传播则依靠带菌的苗木和插条的运输。一般潜育期为6～12天，在24℃～30℃温度下，潜育期最短，超过30℃发病受抑制。新梢和幼叶最易感染，其潜育期也较短。

黑痘病的流行和降水、大气湿度及植株幼嫩情况有密切关系，尤以春季及初夏(4～6月份)降水量关系最大。多雨高湿，病害发生严重。天旱年份或少雨地区，发病显著减轻。葡萄生长初期，组织幼嫩，最易感病；生长后期，葡萄穗粒长大及枝叶成熟后，则较抗病。

黑痘病的发生时期因地区而异。北方果区一般5月份开始发病，6～7月份为发病盛期，9～10月份病害停止发展。果园低洼潮湿，排水不良，管理粗放，树势衰弱，肥力不足或偏施氮肥，植株徒长，通风透光差，葡萄植株发病重。一般篱架葡萄发病重于棚架葡萄。

【防治方法】

1. 选育抗病品种 品种间抗病性存在明显差异，欧亚种感病，欧美杂交种和美洲种抗病。早玫瑰香、龙眼、无核白、保尔加尔、伊丽沙、大粒白、葡萄园皇后、羊奶、早红、乍娜等品种感病严重；玫瑰香、小红玫瑰、新玫瑰、佳里酿等品种中度感病；莎巴珍珠、上等珍珠香、黑格蓝和巴米特等品种轻微感病；巨峰、红富士、先锋、巴柯、黑虎香、黑奥林、贵人香、水晶、金后、龙宝等品种抗病。

当年大量栽植的红地球葡萄，高度感染黑痘病。

2. 冬季清园　秋季，葡萄落叶后清扫果园，将地面落叶、病穗扫净烧毁。冬季修剪时，仔细剪除病梢，摘除僵果，刮除主蔓上的枯皮，并收集烧毁。然后在植株上全面喷射一次铲除剂，以杀死枝蔓上的越冬病菌。葡萄发芽前喷施的铲除剂，可选用3波美度石硫合剂，或10％硫酸亚铁加1％粗硫酸混合液。这是预防黑痘病发生的重要环节，如做得彻底，就能大大减少越冬病原，提高翌年喷药保护的效果。

3. 加强栽培管理　合理施肥，增施磷钾肥，不偏施氮肥，增强树势。加强枝梢管理，及时绑蔓，去副梢、卷须和过密的叶片，避免架面过于郁闭，改善通风透光条件。适当疏花蔬果，控制果实负载量。

4. 喷药保护　葡萄展叶后至果实着色前，每隔10～15天喷药一次。其中以开花前及落花70％～80％时喷药最重要。因这段时间果实易感病，发病率最高。药剂可用1∶0.7∶200～240波尔多液、65％代森锌可湿性粉剂500～600倍液、50％多菌灵可湿性粉剂1 000倍液或75％百菌清可湿性粉剂600倍液。代森锰锌600倍液、1.5％多抗霉素800倍液防治黑痘病效果很好。腈菌唑、苯醚甲环唑、氟硅唑、烯唑醇等三唑类杀菌剂，对黑痘病有特效。

四、葡萄炭疽病

葡萄炭疽病又称晚腐病、苦腐病，是葡萄近成熟期引起果实腐烂的重要病害之一。葡萄浆果受其危害后，不仅造成严重减产，而且严重影响了品质。除了危害葡萄外，病害还在苹果、梨等多种果树上发生。

【症　状】　主要危害着色或近成熟的果粒，造成果粒腐烂。

也可危害幼果、穗轴、叶片、叶柄和卷须等，但大多为潜伏侵染，不表现明显的症状。

1. 果实发病 果实大多在着色后接近成熟时开始发病，果面上出现淡褐色至紫褐色、水浸状斑点，呈圆形或不规则形；病斑逐渐扩大，变为褐色至黑褐色，略凹陷，果肉腐烂；后长出同心轮纹排列的黑色小粒点，天气潮湿时，溢出粉红色黏质团。果粒变褐软腐，易脱落，病果酸而苦，或逐渐干缩成为僵果。

穗轴、叶柄、新梢受害，产生深褐色至黑褐色病斑，椭圆至不规则短条状，凹陷；潮湿时也出现粉红色黏稠状物。叶片受害多在叶缘产生近圆形病斑，形成盘状无性繁殖结构。

【病　原】 病原为胶孢炭疽菌 *Colletotrichum gloeosporioides*（Penz.）Sacc.，属半知菌亚门黑盘孢目炭疽菌属。分生孢子盘黑色，分生孢子无色，单胞，圆筒形或椭圆形。有性态属子囊菌亚门，围小丛壳属 *Glomerella cingulata*（Ston.）Spauld et Schrenk。

【发病规律】 病菌主要以菌丝体在结果母枝、一年生枝蔓的表层组织、病果等处越冬。翌年春环境条件适宜时，产生大量分生孢子，借助风雨、昆虫传播到幼嫩的果穗，通过皮孔和伤口侵入，形成初侵染，具有潜伏特点，病菌一般在幼果期侵入，至着色期发病。该病还可以多次再侵染，造成病害大流行。

病原菌生长发育适温是20℃～30℃，6～7月份田间温度多已能满足病害发展需要，关键是降水，雨水多有利于病菌孢子萌发侵染，病菌也较易流行。炭疽病田间发病较晚，一般7月上旬开始发生，8～9月份果实成熟期，病害进入盛发期。凡株行距过密，留枝量过多，通风透光差，田间湿度大的果园，有利于病菌的孳生蔓延，发病就重。管理粗放，清扫田间不彻底，架顶上病残果多的果园发病重。地势低洼，排水不良，土壤板结黏重、架式过低、蔓叶过密的果园发病重。

不同品种的抗病性有差异。晚熟品种、皮薄的品种一般发病较多，如玫瑰香、牛奶、雷司令、保尔加尔、龙眼、巨峰、黑奥林等品种感病重；早熟品种可避病，色深品种较抗病。如佳里酿、黑皮香、意大利、巴柯等品种感病较轻。

【防治方法】

1. 清除越冬菌源　结合修剪清除病枝梢、病穗梗、僵果、卷须；扫尽落地的病残体及落叶，集中烧毁。春季葡萄发芽前喷一次45％代森铵200～300倍液或3～5波美度石硫合剂，以铲除枝蔓上潜伏的病菌，清除初侵染源。

2. 栽培防病　生长期内要及时摘心，合理夏剪，适度负载，及时清除剪下的嫩梢和卷须，提高果园的通风透光性，注意中耕排水，尽可能降低园中湿度。科学合理施肥，增施有机肥、钾肥，注意氮、磷、钾的配比，切忌氮肥过多，还要及时补充微量元素，以增强树势提高抵抗能力。收获后，要及时清除损伤的嫩枝及损伤严重的老蔓，增强园内的通透性。

3. 喷药保护　坚持“及早预防，突出重点”的原则。以病菌孢子最早出现的日期，作为首次喷药的依据。于晚秋从重病果园中采集无病状的叶片数百个，风干后留下叶柄，翌年春季，将叶柄绑缚成束，悬挂于果园较远的空旷地，其下连接漏斗和玻璃瓶，每逢雨后，收集瓶内雨水，在显微镜下检查有无病菌孢子，一旦发现病菌孢子，即应立即预报喷药。从园内发现病菌分生孢子开始，到采收前半个月，每隔15天喷药1次，连喷3～5次。一般于开花前后结合白腐病的防治，各喷一遍1∶0.5∶200波尔多液，重点保护果实。可选用的其他药剂有：25％苯醚甲环唑6 000倍液、1.5％噻霉酮600倍液、77％的氢氧化铜800倍液，或25％溴菌腈800～1 000倍液。使用50％福美甲胂可湿性粉剂500～800倍液效果也较好。也可用70％代森锰锌，或75％百菌清可湿性粉剂500～800倍液，或65％代森锌可湿性粉剂500～600倍液，进行喷施治疗。

在药剂防治过程中，要注意以下几点：雨后要补喷药液，并喷强力杀菌剂，以杀死将要萌发侵入的孢子；果实采收前可喷保护性杀菌剂，以减少果实中的农药残毒。为了提高药效和增加黏着性，减少雨水冲刷，可在药液中加入皮胶 3 000 倍液或其他黏着剂。

五、葡萄穗轴褐枯病

葡萄穗轴褐枯病又称穗烂病、轴枯病，是近年来葡萄生产中的重要病害之一。在我国华北、华中、东北及西北葡萄产区均有分布。此病主要危害幼嫩的穗轴，使穗轴变褐枯死，最后导致果粒萎缩脱落。病害流行年份病穗率可达50%以上，减产20%～30%。

【症 状】 主要危害葡萄穗轴。发病初期，先在幼穗的分枝穗轴上产生褐色水浸状斑点，迅速扩展后穗轴变褐坏死，果粒失水萎蔫或脱落，有时病部表面产生黑色霉状物，即病菌分生孢子梗和分生孢子。该病一般很少向主穗轴扩展，发病后期干枯的小穗轴易在分枝处被风折断脱落。幼小果粒染病仅在表皮上产生直径 2 mm 圆形深褐色小斑，随果粒不断膨大，病斑表面呈疮痂状。果粒长到中等大时，病痂脱落，果穗也萎缩干枯。

【病 原】 病原为葡萄生链格孢霉 *Alternaria viticola* Brun，属半知菌亚门链格孢属。分生孢子单生或 4～6 个串生，具 1～7 个横隔膜，0～4 个纵隔。

【发病规律】 病菌主要以分生孢子器或菌丝体随病残体在地面和土壤中越冬，也可在枝蔓表皮、芽鳞片间越冬。翌年开花前后形成分生孢子，分生孢子靠雨水溅散而传播，通过伤口侵入，引起初侵染。潜育期一般为 3～5 天，后在病斑上产生分生孢子器及分生孢子，分生孢子散发后引起再侵染。

老树易发病，肥料不足或氮磷肥比失调病情加重；地势低洼，通风透光差，易发病，而管理精细、地势较高的果园及幼树，发病较轻；巨峰等品种属感病品种，其次为红香水、白香蕉和黑奥林；新玫瑰、龙眼、红富士等发病轻；康拜尔、玫瑰香、玫瑰露等较抗病。

【防治方法】

1. 加强园间管理　彻底清理果园，改善果园通风透光条件，降低园内湿度，改换种植抗病品种。

2. 铲除越冬病源　在葡萄萌芽前，重点对结果母枝喷铲除剂3～5 波美度石硫合剂，消灭越冬菌源。也可喷用 45%代森铵200～300 倍液。

3. 加强栽培管理　控制氮肥用量，增施磷、钾肥。同时，搞好果园通风透光和排涝降湿，也有降低发病的作用。

4. 药剂防治　葡萄开花前后喷 1.5%多抗霉素 400 倍液，或75%百菌清可湿性粉剂 600～800 倍液，或 70%代森锰锌可湿性粉剂 400～600 倍液，或 50%异菌脲可湿性粉剂 1 500 倍液。

六、葡萄褐斑病

葡萄褐斑病又称斑点病、褐点病、叶斑病及角斑病，在我国各葡萄产地多有发生，以多雨潮湿的沿海和江南各省发病较多，一般干旱地区或少雨年份发病较轻，管理不好的果园多雨年份后期可大量发病，引起早期落叶，影响树势造成减产。根据病斑的大小和病原菌的不同，褐斑病分为大褐斑病和小褐斑病两种。

【症　状】　葡萄褐斑病仅危害叶片。病斑定形后，直径为3～10 mm 的称大褐斑病，直径为 2～3 mm 的称为小褐斑病。

大褐斑病发病初期在叶片表面产生许多近圆形、多角形或不规则的褐色小斑点，以后病斑逐渐扩大。病斑中部呈黑褐色，边缘褐色，病、健交界明显。叶片背面病斑周缘模糊，淡褐色，后期产生灰色或深褐色的霉状物。病害发展到一定程度时，病叶干枯破裂，早期脱落，严重影响树势和翌年的产量。

大褐斑病的症状特点常因葡萄的种和品种不同而不同。大褐斑病发生在美洲系统葡萄上，病斑为不规则形或近圆形，直径为5～9 mm，边缘红褐色，外围黄绿色，背面暗褐色，并生有黑褐色霉层（病菌的孢梗束及分生孢子）。在龙眼、甲州、巨峰等品种上，病斑近圆形或多角形，直径为3～7 mm，边缘褐色，中部有黑色圆形环纹，边缘黑色湿润状。

小褐斑病发生后，在叶片上产生深褐色小斑，大小一致，边缘深褐色，中部颜色稍浅，后期病斑背面长出一层较明显的黑色霉状物，严重时小病斑相互融合成不规则的大斑。

【病　原】 大褐斑病病原为葡萄假尾孢 *Pseudocercospora vitis* (Lév.) Speg.，属于半知菌亚门，假尾孢属。分生孢子棍棒状，暗褐色，稍弯曲，有隔膜3～20个。小褐斑病病原为座束梗尾孢 *Cercospora roesleri* (Catt.) Sacc.，属于半知菌亚门尾孢属。分生孢子圆筒形或椭圆形，直或稍弯曲，有1～4个分隔，暗褐色。

【发病规律】 病菌主要以菌丝体和分生孢子在落叶上越冬，翌年初夏产生新的分生孢子梗和分生孢子。分生孢子借风雨传播，到达叶面后，在高湿条件下由气孔侵入，引起初侵染，潜育期20天左右。发病常由植株下部叶片开始，逐渐向上蔓延。病菌侵入寄主后，经过一定时期，可以产生新的分生孢子，引起再侵染。我国北方地区，葡萄多从6月份开始发病，到葡萄落叶前均可侵染危害，7～9月份为发病盛期。

高温、高湿是该病发生和流行的主要因素。因此，夏秋多雨的地区或年份发病重；管理粗放、枝叶过密、施肥不足、果实负载量过大和树势衰弱，也利于发病；品种间感病程度有差异，一般美洲葡萄易感病，欧洲葡萄发病轻。

【防治方法】

1. 消灭越冬病源　秋后要及时清扫落叶烧毁。冬剪时，也应将病叶彻底清除，集中烧毁或深埋。

2. 加强栽培管理　要及时绑蔓、摘心、除副梢和老叶，创造通风透光条件，减少病害发生。增施多元复合肥，增强树势，提高树体抗病力。

3. 药剂防治　发病初期结合防治黑痘病、白腐病、炭疽病，喷洒200倍石灰半量式波尔多液，或60%代森锌500～600倍液，或77%氢氧化铜等药液，每隔10～15天喷1次，连续喷2～3次。当发现有褐斑病发生时，可喷布烯唑醇、多菌灵或甲基硫菌灵等药剂及时进行治疗。喷药时应注意喷中、下部叶片，并且要喷布均匀。25%苯醚甲环唑6 000倍液对该病有优异效果。

七、葡萄灰霉病

葡萄灰霉病是一种严重影响葡萄生长和贮藏的重要病害。过去此病虽然广泛存在于各葡萄产区，但由于危害较轻，因而是一种次要病害。随着保护地葡萄生产的发展，灰霉病呈逐年加重的趋势，已成为保护地葡萄生产的一种重要病害。同时，用染病的果粒酿酒，还会影响酒的颜色和质量。在国外，用这种葡萄酿酒时，由于病菌的作用，会产生一种特殊的香味，可提高葡萄酒的质量，成为一种名牌酒，人们称之为“贵腐酒”，称葡萄灰霉病为“贵腐病”。该病可在开花前后以及成熟后期和贮存期严重发生，常使果实大量腐烂，对葡萄生产和贮运威胁极大。

【症　状】　葡萄灰霉病主要危害花序、幼果和将要成熟的果实，也可侵染果梗、新梢与幼嫩叶片。花序、幼果感病，先在花梗和小果梗或穗轴上产生淡褐色、水浸状病斑，后病斑变为褐色并软腐，空气潮湿时，病斑上可产生鼠灰色霉状物（即病原菌的分生孢子梗与分生孢子）。受到震动时，霉层飞散，呈灰色烟雾状，俗称“冒灰烟”。空气干燥时，感病的花序、幼果逐渐失水萎缩，后干枯脱落，造成大量的落花落果，严重时整穗落光。

新梢及幼叶感病，产生淡褐色或红褐色、不规则的病斑，病斑多在靠近叶脉处发生，叶片上有时出现不太明显的轮纹，后期空气潮湿时病斑上也可出现灰色霉层。不充实的新梢在生长季节后期发病，皮部呈漂白色，有黑色菌核或形成孢子的灰色菌丝块。果实着色和成熟后感病，果面上出现褐色凹陷病斑，扩展后整个果实腐烂，并先在果皮裂缝处产生灰色孢子堆，后蔓延到整个果实，最后长出灰色霉层。贮藏的鲜食葡萄受害后，常出现穗轴湿腐，表面布满霉层。一些病部有时还产生黑色块状菌核或灰色的菌丝块。

【病　原】 葡萄灰霉病菌为灰葡萄孢霉 *Botrytis cinerea* Pers. ex Fr.，属于半知菌亚门葡萄孢属的真菌。无性繁殖产生大量分生孢子。分生孢子圆形或椭圆形，单胞，无色或淡灰色。菌核褐色，形状不规则。有性世代为富克葡萄孢盘菌 *Botryotinia fuckeliana*(de Bary) Whetzel，属子囊菌亚门葡萄孢盘菌属。

【发病规律】 病菌以菌核、分生孢子及菌丝体随病残组织在土壤中越冬。有些病菌秋天在枝蔓或僵果上形成菌核越冬，也可以菌丝体在树皮和冬眠芽上越冬。菌核和分生孢子抗逆性很强，越冬以后，翌年春季温度回升、遇雨或湿度大时，菌核即可萌发产生新的分生孢子，新老分生孢子通过气流传播到花序上。分生孢子在清水中几乎不萌发，在花器上有外渗物作营养的条件下，分生孢子很容易萌发，通过伤口、自然孔口及幼嫩组织侵入寄主，实现初侵染。侵染发病后，又能产生大量的分生孢子，进行再侵染。

该病的发生与温、湿度关系密切。灰霉病要求低温、高湿条件，菌丝生长和孢子萌发适温为 21℃。相对湿度为 92%～97%，pH 3～5 对侵染后发病最有利，在糖类或酸类物质刺激下，很快萌发。侵入时间与温度有很大关系，16℃～21℃时 18 小时可完成侵入，温度过高或过低都会延长侵入期，4℃时需 36～48 小时，2℃则需要 72 小时。

该病有两个明显的发病高峰。一个在开花前及幼果期，主要危害花及幼果，造成大量落花落果；另一个在果实着色至成熟期，主要危害果粒，造成果实腐烂，带菌果穗贮藏极易导致大量烂果。果实染病后，天气干燥的情况下，菌丝潜伏在体内不发展，亦不产生灰色霉层，不但对果实无害，反而能降低果实酸度，增加糖分，并使皮变薄。

管理粗放，施磷、钾肥不足，机械伤、虫伤较多的葡萄园易发病；地势低洼、枝梢徒长、郁闭、通风透光不足的果园发病重。

葡萄不同品种对灰霉病抗性不同。红加利亚、黑罕、黑大粒、奈加拉等为高抗品种，白香蕉、玫瑰香、葡萄园皇后等为中度抗病品种，巨峰、洋红蜜、新玫瑰、白玫瑰、胜利等属于高感品种。

【防治方法】

1. 消灭初侵染源　病残体上越冬的菌核是主要的初侵染源，因此应结合其他病害的防治，彻底清园和搞好越冬休眠期的防治。结合修剪，剪除病枝蔓、病果穗及病卷须、彻底清除并烧毁或深埋。清扫落叶，并结合施肥，把落叶和表层土壤与肥料掺混深埋于施肥沟内。

2. 加强栽培管理　搞好果园排水及摘心绑蔓等工作，以降低果园湿度，减轻发病。发病重的果园要避免偏施氮肥，适当增加钾肥。要栽植玫瑰香、黑汉等抗病品种。

设施栽培条件下，可选用无滴消雾膜做设施的外覆盖材料，设施内地面全面积地膜覆盖，降低室（棚）内湿度，抑制病菌孢子萌发，减少侵染；提高地温，促进根系发育，增强树势，提高抗性；阻挡土壤中的残留病菌向空气中散发，降低发病率。

注意调节室（棚）内温、湿度，白天使室内温度维持在 32℃～35℃，空气相对湿度控制在 75％左右；夜间室（棚）内温度维持在 10℃～15℃，空气相对湿度控制在 85％以下。从而抑制病菌孢子萌发，减缓病菌生长，控制病害的发生与发展。

3. 药剂防治 葡萄落花前后及时喷药保护，以防幼果发病。葡萄成熟期如果发病，要及时剪除病果、病穗，然后喷药防治。常用药剂有：40%嘧霉胺800倍液，50%腐霉利可湿性粉剂2 000～2 500倍液，50%异菌脲可湿性粉剂1 500倍液，50%乙烯菌核利可湿性粉剂1 500倍液，45%噻菌灵悬浮剂4 000～4 500倍液，70%甲基硫菌灵可湿性粉剂800～1 000倍液，36%甲基硫菌灵悬浮剂600～800倍液，50%苯菌灵可湿性粉剂1 500倍液，50%多霉灵可湿性粉剂1 500～2 000倍液，隔10～15天施用1次，连续防治2～3次即可。

第二节 葡萄害虫及防治

一、葡萄瘿螨

葡萄瘿螨 *Colomerus vitis*（Pagenstecher），属真螨目瘿螨科，又名葡萄缺节瘿螨、葡萄锈壁虱、毛毡病、葡萄叶疹病、毛瘿螨、芽螨、卷叶螨等。

【分布与为害】 葡萄瘿螨几乎在所有欧洲葡萄产区均有分布，葡萄瘿螨在我国分布较广，主要在辽宁、河北、山东、山西、陕西、新疆等地危害严重，对葡萄的产量和品质影响很大。目前，仅在葡萄上发现，属专性寄生。

叶片受害后干枯，阻碍光合作用的进程，严重影响葡萄的营养积累，使树体衰弱，葡萄含糖量降低，对产品等级影响很大。

葡萄瘿螨有趋嫩性，主要刺吸嫩叶，叶片老化后转移到临近嫩叶上，继续取食为害。葡萄瘿螨唾液中可能含有某些生长调节剂，当刺吸叶片时，其唾液中的激素类物质便进入叶肉组织，促使受害组织周围细胞增生，或抑制受害组织生长发育，形成毛毡或丛枝。

受害叶片初期，在叶背产生苍白色病斑，大小不等，后表面逐渐隆起、叶背凹陷并出现白色茸毛，似毛毡，故称毛毡病。茸毛逐渐变为黄褐色至茶褐色，最后呈黑褐色。受害严重时，病叶皱缩，变硬，凹凸不平。也可为害嫩梢、幼果、卷须和花梗，受害部位产生茸毛。

【形态特征】

1. 雌成螨　圆锥形，体形似蛆。体长 0.16～0.19 mm，宽约 0.05 mm，体呈淡黄色或浅灰色。近头部有足 2 对，爪呈羽状，具放射枝 5 个，腹部长，尾部两侧各有一细长刚毛。雌成螨背板上有数条纵纹，背中线占头胸板的 2/3，侧中线完全，波状，亚背线数条，背疣较小。背毛指向前方或稍倾斜，侧毛约在第九腹环上，腹毛 3 对，副毛消失（图 6-1）。

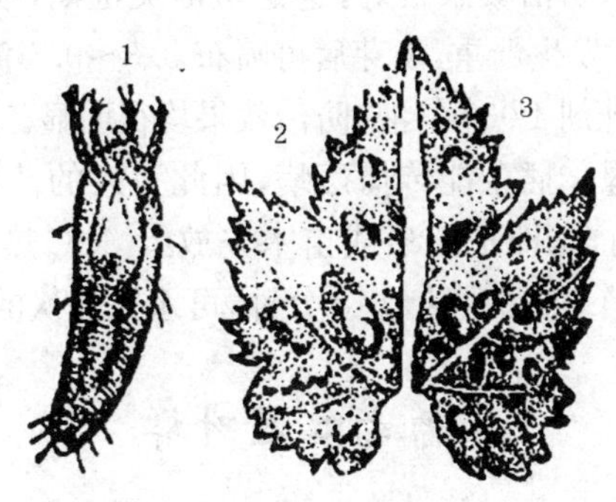

图 6-1　葡萄瘿螨

1. 成螨　2. 被害叶正面（突起）　3. 被害叶背面（凹陷）

2. 雄成螨　体形与雌螨相似，仅体略小。

3. 卵　椭圆形，淡黄色，近透明。极其微小，长约 0.03 mm。

4. 若螨　与成螨相似，体较小。

【发生规律】　一年可发生多代，有世代重叠现象。以孤雌生殖为主,也进行两性生殖。以成螨越冬,越冬场所主要是葡萄芽苞鳞片内,其次是树皮裂缝、草缝、土缝中。葡萄芽苞上的绒毛及幼嫩鳞片,可以保证成螨安全越冬,特别是1年生枝条上的芽苞质量最好,在此越冬的成螨数量也最多,平均近10头,多者达上百头。

翌年春季,随着芽的绽放,瘿螨由芽内爬出,随即钻入叶背茸毛底下吸取汁液,刺激叶片茸毛增多,并不断繁殖,扩大为害。一般在新梢先端被害部位成螨较多,6～8月份发生量大,使新梢发育不良,影响产量和质量。

【防治方法】

1. 清除病叶 收集被害叶片烧毁或深埋。在葡萄生长初期,发现有被害叶时,也应立即摘掉烧毁,以免扩散蔓延。

2. 早春防治 葡萄叶膨大吐绒时,喷3～5波美度石硫合剂加0.3%洗衣粉,防治效果很好,这是防治关键期,喷药一定要细致均匀。若历年发生严重,发芽后可喷布0.3～0.5波美度石硫合剂或40%乐果乳剂1 000倍液,防治效果均很明显。

3. 苗木处理 插条能传播瘿螨,因此引入的苗木在定植前,最好进行温汤消毒,即把插条或苗木先放入30℃热水中浸5～8分钟,再移入45℃热水中浸5～8分钟,可杀死潜伏的瘿螨。

二、葡萄二星叶蝉

【分布与为害】 葡萄二星叶蝉 *Erythroneura apicalis* (Nawa),属同翅目叶蝉科。又名葡萄斑叶蝉、葡萄二点叶蝉、葡萄二点浮尘子。在山东、河北、河南、江苏、陕西、辽宁、浙江等省各葡萄产区普遍发生,尤其是管理较差的果园。除为害葡萄外,还可为害梨、桃、樱桃、山楂、桑树、槭树及菊花、大丽花和一串红等。葡萄被害后,造成减产,成熟期推迟。

该虫以成虫、若虫群聚在葡萄叶片背面吸食汁液,受害处呈现白色失绿斑点，严重时叶片苍白、枯焦，影响枝条的生长和花芽分化。所排出的虫粪污染叶片和果实，造成黑褐色粪斑，影响果实品质。

【形态特征】

1. 成虫 体长3.5～4 mm，有淡黄色和深褐色两种色型。头顶有2个圆形黑色斑点，横列。复眼黑色，触角刚毛状，前胸背板中央具暗色纵纹，前缘两侧各有3个小黑点。小盾片前缘左右各有近三角形的黑色斑纹1个。前翅半透明，前后缘各具2块黄白色半圆形斑，两翅合拢形成两块圆形黄斑。个体间斑纹的颜色变化很大，有的全无斑纹(图6-2)。

2. 卵 初为乳白色，后变为黄白色，长椭圆形，稍弯曲。

3. 若虫 体形似成虫，初为乳白色，以后色变深。有两种类型：一为淡黄色，尾端不向上举；一为红褐色，尾端向上举。

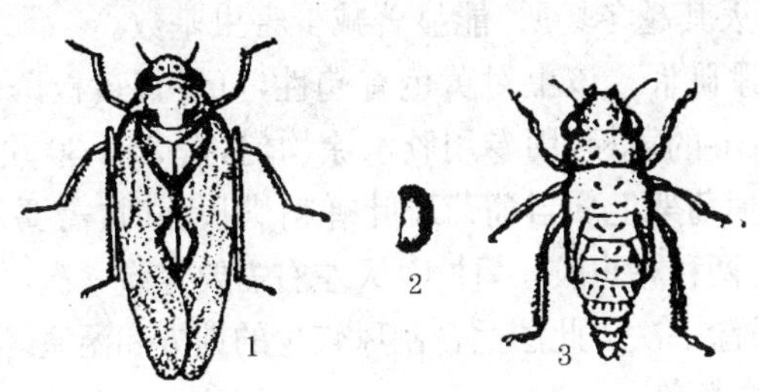

图6-2 葡萄二星叶蝉

1. 成虫 2. 卵 3. 若虫

【发生规律】 1年发生2～3代。在河北省1年发生2代，在山东、河南、陕西、江苏、浙江1年发生3代。均以成虫在葡萄园中或附近的树皮缝、石缝、杂草、落叶中及屋檐下潜藏越冬。翌年在葡萄发芽前，出蛰后的越冬成虫先为害梨、苹果、桃、樱桃等树木的嫩叶，待葡萄发芽后，再转到葡萄上为害。成虫产卵于叶片背面的叶脉中或绒毛内，5 月中旬发生一代若虫，6 月上中旬发生一代成虫。第三代成虫主要于 9～10 月份发生，10 月中下旬陆续越冬。葡萄二星叶蝉主要在已长成的叶片上为害，在整个夏、秋季均受其害，晚秋常造成落叶。

【防治方法】

1. 农业防治

(1)加强肥水管理　增施有机肥，控制氮肥用量，合理灌水，提高葡萄自身抗性。

(2)避免果园郁闭　在葡萄生长期，及时摘心绑蔓，使葡萄枝叶分布均匀，通风透光良好，可减少葡萄斑叶蝉发生为害。

(3)合理套种、轮作　果园内部和周围不种玉米、蔬菜以及匍匐类等作物，以减少生长季节的中间寄主。

(4)清洁田园　秋后彻底清除田间地头落叶和杂草，集中烧毁或深埋，消灭其越冬场所，能显著减少害虫基数。

2. 物理防治　该虫对黄色有趋性，可设置黄板诱杀。方法是将 20～24 cm 的黄板，用专用胶水涂均匀，按 20～30 块/667 m^2 的用量，置于葡萄架上。当葡萄斑叶蝉粘满板面时，需要及时重涂胶水。目前有两种粘虫胶，一种 10 天左右需要重涂一次，另一种为 30 天左右需重涂一次。此法适合刮风较少的地方和温室等地使用。

3. 化学防治

(1)防治时期　防治葡萄斑叶蝉全年要抓住三个关键时期，即:4 月下旬至 5 月上旬的越冬代成虫防治关键期;5 月下旬至 6 月上旬的第一代若虫防治关键期;9 月中下旬的降低越冬代数量关键期。

(2)防治用药　可选用阿维菌素、甲氰菊酯、溴氰菊酯、氰戊菊酯、高效氯氰菊酯等药剂喷雾。喷雾要注意均匀、周到、全面;同时注意对农家庭院及葡萄园周围的林带、杂草喷药防治该虫。

三、斑衣蜡蝉

【分布与为害】 斑衣蜡蝉 *Lycorma delicatula* White，属同翅目蜡蝉科。又名椿皮蜡蝉，斑蜡蝉。主要分布在华北、华东、西北、西南、华南以及台湾等地区。在北方葡萄产区多有发生，零星为害。在黄河故道地区为害较重。除为害葡萄外，还可为害梨、桃、李、樱、梅、珍珠梅、海棠、石榴、臭椿、香椿、千头椿、合欢、刺槐、榆、杨等果树与林木。

以成虫、若虫群集在叶背、嫩梢上刺吸为害。栖息时头翘起，有时可见数十头群集在新梢上，排列成一条直线；引起受害植株发生煤污病或嫩梢萎缩、畸形等，其排泄物可造成果面污染，嫩叶受害常造成穿孔或叶片破裂，严重影响植株的生长和发育。

【形态特征】

1. 成虫 体长 14～20 mm，翅展 40～50 mm，全身灰褐色；前翅革质，基部约 2/3 为淡褐色，翅面具有 20 个左右的黑点；端部 1/3 为深褐色；后翅膜质，基部鲜红色，具有 7～8 个黑点；端部黑色，体翅表面附有白色蜡粉。头角向上卷起，呈短角突起(图 6-3)。

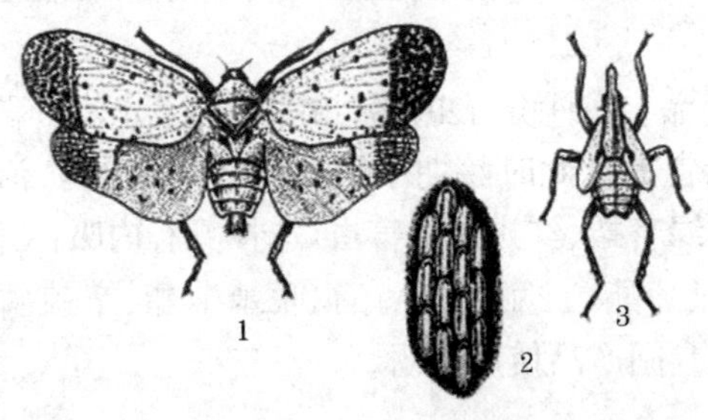

图 6-3 斑衣蜡蝉

1. 成虫 2. 卵 3. 若虫

2. 卵 长圆形,褐色,长约 3 mm,排列成块,披有褐色蜡粉。

3. 若虫 体形似成虫,初孵时白色,后变为黑色,体有许多小白斑,一至三龄为黑色斑点,四龄体背呈红色,具有黑白相间的斑点。

【发生规律】 1 年发生 1 代。以卵在树干或附近建筑物上越冬。翌年 4 月中下旬若虫孵化为害,5 月上旬为盛孵期;若虫稍有惊动即跳跃而去。若虫 5 龄,6 月中下旬至 7 月上旬羽化为成虫,活动为害至 10 月份。8 月中旬开始交尾产卵,卵多产在树干的向阳面,或树枝分叉处。一般每块卵有 40~50 粒,多时可达百余粒,卵块排列整齐,覆盖白蜡粉。成、若虫均具有群栖性,飞翔力较弱,但善于跳跃。

【防治方法】

1. 农业防治 葡萄园周围最好不要种植臭椿、苦楝等斑衣蜡蝉喜食的寄主,以减少虫源。结合冬季修剪和果园管理,人工压碎水泥柱上的越冬卵块,彻底消灭越冬卵。

2. 物理防治 产卵期由于成虫行动迟缓,极易捕捉。人工捕捉成虫可有效地降低越冬卵基数。

3. 生物防治 利用天敌螯蜂捕食斑衣蜡蝉一、二龄若虫,效果显著。此外,平腹小蜂可以寄生斑衣蜡蝉的卵,也能起到一定的抑制作用。

4. 化学防治 5 月份若虫刚孵化后,大部分若虫喜欢聚集在嫩梢上为害取食。且此时龄期小,抗药性不强,是防治的最佳时期。结合防治绿盲蝽、红蜘蛛等害虫,选择具有内吸性兼触杀性农药,如喷施溴氰菊酯、三氟氯氰菊酯、联苯菊酯、辛硫磷等药液防治。用药浓度参阅产品使用说明。

四、葡萄透翅蛾

【分布与为害】 葡萄透翅蛾 *Paranthrene regalis* Butler，属鳞翅目透翅蛾科。又名葡萄透羽蛾。葡萄透翅蛾分布较广，国内广泛分布于辽宁、河北、河南、山东、山西、江苏、浙江、陕西、内蒙古、吉林和安徽，以及京、津两市；国外分布于日本、朝鲜。葡萄透翅蛾是葡萄生产上的主要害虫之一，主要为害葡萄，还可为害苹果、梨、桃、杏、樱桃等。以幼虫蛀食 1～2 年生枝蔓髓部及木质部，轻者造成嫩梢、果穗枯萎，产量和品质下降，树势衰弱；重者致使大部枝蔓干枯，甚至全株死亡。

幼虫为害葡萄嫩枝及 1～2 年生枝蔓，初龄幼虫蛀入嫩梢，蛀食髓部，使嫩梢枯死。幼虫长大后，转到较为粗大的枝蔓中为害，使被害部肿大成瘤状，蛀孔外有褐色粒状虫粪，其上部叶变黄枯萎，果实脱落，枝蔓易折断。

【形态特征】

1. 成虫 体长 18～20 mm，翅展 30～36 mm，体蓝黑色至黑褐色；触角黑紫色，颜面白色，头顶、颈部、后胸两侧、下唇须第三节橙黄色；前翅红褐色，前缘、外缘及翅脉黑色，后翅无鳞片，半透明，前后翅缘毛均为紫色。腹部有 3 条黄色横带，以第四节横带最宽，第六节后缘次之，第五节上的最细。雄蛾腹末两侧各有长毛一束，雌蛾无（图 6-4）。

2. 卵 长 1.1 mm，椭圆形，略扁平，红褐色至紫褐色。

3. 幼虫 体长 25～38 mm，全体略呈圆筒形，头部红褐色；口器黑褐色。胸腹部淡黄白色；老熟时带紫红色，前胸盾具倒“八”字纹。胸足淡褐色，爪黑色。全体疏生细毛，围气门片褐色。

4. 蛹 长 18 mm，红褐色，圆筒形。腹部 2～6 节背面各有 2 横列刺，7～8 节各有 1 横列刺。末节腹面亦有 1 横列刺。

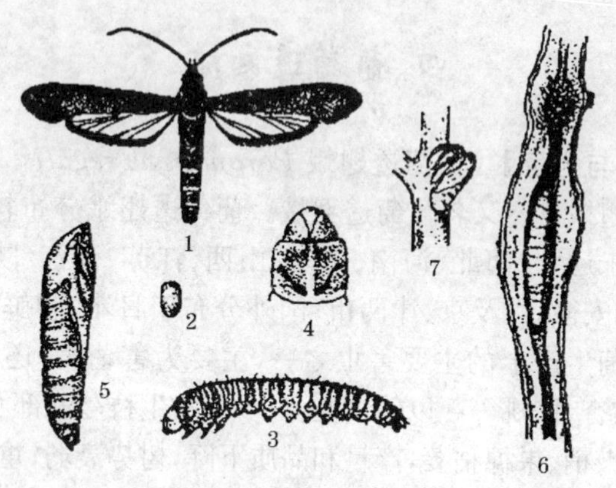

图 6-4 葡萄透翅蛾

1. 成虫 2. 卵 3. 幼虫 4. 幼虫头和前胸背板
5. 蛹 6. 枝蔓被害状 7. 成虫羽化状

【发生规律】 一年发生 1 代，以老熟幼虫在被害枝蔓里越冬。翌年 5 月上旬幼虫开始活动，在越冬处的枝条里咬 1 圆形羽化孔，后吐丝做茧化蛹，5 月中旬至 6 月羽化。成虫羽化后 1～2 天开始交尾、产卵。成虫飞翔力强，白天活动。卵散产于嫩梢、腋芽、叶腋、叶柄、叶脉等处，平均每雌产卵 60～70 粒，卵期 10 天。初孵幼虫多从叶柄基部蛀孔入嫩梢，蛀孔处呈紫红色，枝梢逐渐萎蔫枯死。此前大部分幼虫已移到枝下 2～5 节处蛀食，受害部位呈现膨肿状或形成瘤状突起，受害处上部叶片变黄，果实脱落。7 月中下旬后有些转移到细枝上的幼虫，遇震动或风吹时，常二次转移到其他部位蛀食，当转害粗蔓时，多向上蛀食。9～10 月份以老熟幼虫越冬。

透翅蛾的发生与环境有密切的关系。所以随树龄增加株蛀害率加重。因为成虫喜欢在长势旺盛、枝叶茂密的植株上产卵，所以随树龄增加，主干增粗，枝梢生长旺盛，营养丰富，为害加重。同一品种，不同生育期，受害不同。从萌芽生长期开始为害，以开花期和浆果期受害最重，浆果成熟采收期，为害逐渐减轻。经调查发现，该虫蛹的寄生蜂有松毛虫黑点瘤姬蜂，幼虫期和蛹期有白僵菌寄生。

【防治方法】

1. 农业防治 检查种苗、接穗等繁殖材料，查到有幼虫株集中销毁。结合修剪剪除有肿瘤枝蔓和有虫粪枝条，不宜剪除的枝条，可用铁丝从蛀孔刺死幼虫。

2. 药剂防治 对大枝受害的可直接注射50%敌敌畏乳油500倍液，然后用湿泥封口。成虫羽化期喷洒杀螟松或敌敌畏、倍硫磷或亚胺硫磷等药剂。卵孵化高峰喷施三唑磷乳油液，1年只需施药1次就能消除葡萄透翅蛾的为害。其他可选用的药剂还有辛硫磷、杀螟松、三苯氯氰菊酯或氰戊菊酯等。

五、葡萄虎天牛

【分布与为害】 葡萄虎天牛 *Xylotrechus pyrrhoderus* Bates，属鞘翅目天牛科。又名葡萄脊虎天牛。此虫在华北、华中、东北均有发生，是葡萄主要害虫之一。葡萄被害枝不开花，遇风容易折断，严重时引起大量枝条枯死，造成一定的经济损失。

主要以幼虫为害枝蔓，受害表皮稍隆起变黑，虫粪排于隧道内，表皮外无虫粪，所以不易被发现。幼虫蛀入木质部后，被害处易风折，成虫亦能咬食葡萄细枝蔓、幼芽及叶片。

【形态特征】

1. 成虫 体长8～15 mm，体近圆筒形，大部黑色。前胸背板，前、中胸腹板和小盾片深红色，触角和足略带黑褐色。头部有深而粗的刻点。触角短小，11节，仅伸到鞘翅基部。前胸背板球形，长略大于宽，布有颗粒或刻点。小盾片半圆形，后端有少量黄毛。鞘翅黑色，两翅合拢时，基部有“X”形黄白色斑纹，近端部有一黄白色横纹。后胸腹板和第一、第二跗节后缘黄白色绒毛，形成3条黄白色横纹。雄虫后足腿节长，向后伸展超过腹部末端；雌虫的短，只伸展至腹部末端，很少超过(图 6-5)。

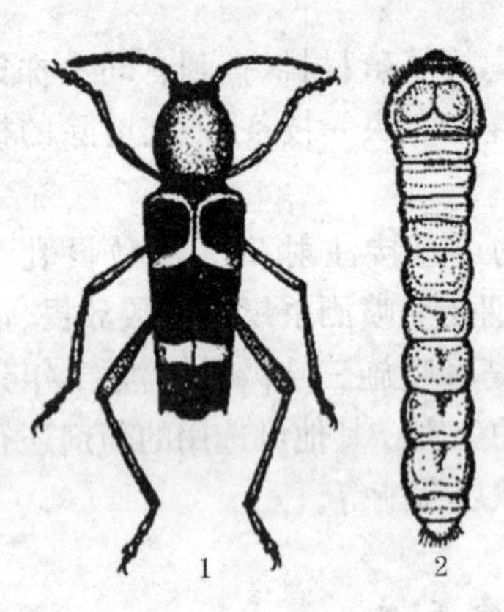

图 6-5　葡萄虎天牛

1. 成虫　2. 幼虫

2. 卵　长卵形，灰色或淡黄色，长约 1 mm。

3. 幼虫　体长 13～17 mm，淡黄白色，头小，无足，胸部较头部宽。

4. 蛹　长 10 ～ 15 mm，初淡黄白色，后逐渐加深为黄褐色。

【发生规律】　每年发生 1 代，以低龄幼虫在葡萄蔓内越冬。翌年 5 月中旬开始活动，有时将枝条木质部蛀断，使枝头脱落。或把枝条蛀空，使其充满虫粪、木屑。7 月间幼虫老熟，在接近断口处化蛹。8 月份羽化出成虫。成虫产卵于芽鳞缝隙内或芽内和叶柄之间。卵散产，经 5～6 天孵化为幼虫，即由芽部蛀入茎内，粪便排于枝内，故从外部难以发现虫道。落叶后被害处的表皮变黑。成虫具有弱趋光特性。

【防治方法】

1. 人工防治　结合冬季修剪，认真清除虫枝，集中烧毁。春季萌芽期检查，凡结果枝萌芽后萎缩的，多为虫枝，应及时剪除。利用成虫迁飞能力弱的特点，人工捕捉成虫。一般在 8～9 月份早晨露水未干前进行捕捉，效果很好。

2. 药剂防治　在8月份成虫羽化期，利用其补充营养习性，喷90%敌百虫或50%敌敌畏乳油1 000倍液，每隔7～10天喷1次。幼虫蛀入枝蔓后，可采用50%的敌敌畏乳油800倍液注射蛀孔，并严密封堵，将其毒杀。

第七章　其他果树病虫害及防治

第一节　其他果树病害及防治

一、枣疯病

枣疯病是枣树上的毁灭性病害，全国各地均有分布，尤以河北、河南、山东等省发生最为普遍，危害严重。该病一旦发生，幼树1～2年、大树3～4年，便很快死亡，致使大片枣林被毁。

【症　状】 枣疯病的发生，一般是先从一个或几个枝条开始，然后再到其他枝条，最后扩展至全株，但也有整株同时发病的。

枣疯病的症状特点是枝叶丛生，是由于花器返祖和芽的不正常萌发所致。花器返祖是指整个花器变为营养器官，花柄延长成枝条，花瓣、萼片和雄蕊肥大，变绿，延长成枝叶，雌蕊全部转化成小枝。由雌蕊、雄蕊变成的小枣头，呈纤细丛生状，而且经过冬天后仍不脱落。芽的不正常萌发，主要表现为病株的1年生发育枝的正芽和多年生发育枝的隐芽，均萌发为发育枝，新生发育枝上的芽又可萌发成小枝，如此不断地逐级生枝就形成了丛枝状，直到四次枣头的主芽不再萌发。病枝纤细，节间变短，叶小而萎黄，一般不结果。

病树健枝能结果，但其所结果实大小不一，果面凹凸不平，着色不匀，果肉多渣，汁少味淡，不堪食用。疯枝上的叶片先是叶肉变黄，叶脉仍绿，而后整叶逐渐变黄，叶缘上卷，暗淡无光，硬而发脆，秋后干枯不落。病根上的不定芽，可大量萌发，长出短疯枝，出土后枝叶细小,黄绿色,日晒后全部焦枯呈“刷状”。后期病根皮层变褐腐烂,最后整株枯死。

【病　原】 枣疯病的病原主要是植原体。其植原体为不规则球状,直径为 90～260 nm,外膜厚度为 8.2～9.2 nm,堆积成团或联结成串。

【发病规律】 多年人工嫁接试验表明,枣疯病树根部可终年带菌,地上部中的植原体,则随枣树落叶进入休眠而逐渐减少,越冬后期基本消失。所以,根部病菌是枣疯病翌年发病的重要初侵染源。在根部越冬的病原体,翌年春季随营养物质运输引起丛枝等症状。试验证明,植原体一旦侵入地上部,必须首先沿韧皮部下行到根部,经过繁殖后再扩散到枝条才能引起树冠发病。因此,适时环割树干有防病作用。用病皮嫁接到当年生健枝上,10 天后发现植原体下行 20 cm 左右。嫁接发病的潜育期,最短为 25 天,最长可达 1 年以上。一般接种愈早、接种量愈大、接种点离根部愈近,其潜育期就愈短。6 月底以前接种,当年即可发病。如果是 6 月底以后接种,翌年开花后才能发病。在根部或主干中部接种,当年发病,尤以根部接种发病最早。皮接块数愈多,发病愈快。

现已明确,人工嫁接无论是用病株做砧木或是做接穗,无论是芽接、切接、皮接或根接,均能传病,但不会成为自然传病的主要途径。我国北方枣区自然传病的媒介主要有 3 种叶蝉,即凹缘菱纹叶蝉(*Hishmonus sellatus* Uhler.)、橙带拟菱纹叶蝉(*H. aurifaciales* Kuoh.)和红闪小叶蝉(*Typlilocyba* sp.)。1981 年,王焯等报道的中国拟菱纹叶蝉(*H. chinensis* Anufriev),在形态上与橙带拟菱纹叶蝉相似,两者可能是同物异名。

枣疯病的发生与品种抗病性和生态环境密切相关。枣树品种间对枣疯病的抗病性有明显差异。人工嫁接试验表明,金丝小枣易感病,发病株率为 60.5%;滕县红枣较抗病,发病株率仅为 3.4%;而有些酸枣则表现为免疫。另外,陕北的马牙枣、长铃枣、酸铃枣等,都比较抗病。酸枣品种间的抗病性也有明显差异。地势较高,土地瘠薄,肥水条件差的山地枣园病重,而土壤肥沃,肥水条件好的平原和近山枣园病轻;管理粗放,杂草丛生的枣园病重,而精细管理,田间清洁的枣园病轻。大多数盐碱地枣区很少发生枣疯病,是由于盐碱地的植被种类不适于传病叶蝉的发生,而并非盐碱直接抑制病害。

【防治方法】 目前,对枣疯病的防治,尚无十分成功的经验。根据枣疯病的发病规律及各地的防治经验应采用以下措施综合防治。

1. 选用抗病品种 我国枣树分布广泛,品种繁多,及时发现、利用抗病品种是防治枣疯病的关键措施。可利用抗病酸枣品种或抗病的大枣品种作砧木,培育抗病枣树,或从无病枣园中采取接穗、接芽或分根进行繁殖,培育无病苗木。

2. 加强栽培管理 枣疯病的发生与枣树本身的营养状况有直接关系,加强枣园肥水管理,对土质差的进行深翻扩穴,增施有机肥,改良土壤,促进枣树生长,增强抗病能力,均可减缓枣疯病的发生和流行。发现病苗应立即刨除;严禁病苗调入或调出;及时刨除病树;及时去除病根蘖及病枝,减少初侵染源。实践证明,对于轻病树,早春发芽前环剥主干,落叶前彻底去掉疯枝,生长期随时抹去疯芽,可有效地阻断植原体的运行,治愈或延缓发病。

3. 防虫治病 及时喷药消灭传病叶蝉可有效地降低枣疯病传播蔓延的速度。以 4 月下旬、5 月中旬和 6 月下旬为最佳喷药时期,全年共喷药 3～4 次。常用药剂有:氯氰菊酯、乐果、速灭威、异丙威、乙酰甲胺磷和仲丁威等。用四环素族抗生素注入到疯树体内或浸根、浸泡接穗,均有一定的治疗效果,但停药后容易复发。

二、枣锈病

【症　状】 该病主要分布在河北、辽宁、河南、山东、陕西、四川、云南、贵州、广西、湖北、安徽、福建、江苏、浙江和台湾等地。主要危害大枣、金丝小枣、酸枣等，症状表现在叶上，有时在果上。枣叶多在中脉两侧、叶尖和基部出现病斑，严重时扩散至全叶。叶片发病初期，叶背出现散生淡绿色点，渐变成黄褐色突起小疤，此为病原的夏孢子堆。后小疤表皮破裂，散出黄色粉状物，为夏孢子。与小疤对应的叶片正面出现不规则褐斑。严重时，突起小疤布满全叶，甚至少量出现在果面、枣吊上，后期导致叶片大批干枯脱落，幼果不红即落，部分果虽能在树上变红，但单果重量轻，含糖量很低，降低食用价值，一般减产20%～60%，严重时绝产。

【病　原】 担子菌亚门冬孢菌纲锈菌目枣多层锈菌 *Phakopsora zizyiphi－vulgaris*（P. Henn.）Diet.，病菌夏孢子球形或椭圆形，黄色或淡黄色，表面生短刺。冬孢子堆在树叶脱落前形成较少，大多在病叶落地后产生。

【发病规律】 病原菌主要以夏孢子堆在病落叶上越冬，成为翌年初侵染最主要的来源（当地病落叶上的夏孢子堆）。越冬病叶及2～3年生枣枝上虽能查到冬孢子堆，但数量极少。冬孢子较夏孢子小，产生的担孢子极小。枣芽中可见到多年生菌丝。无转主寄主。夏孢子借风传播，多次再侵染。6～7月份雨水多、湿度高时，夏孢子发芽，从叶片的气孔侵入，8～16天出现症状，并有落叶出现，到8月中下旬叶片大量脱落。

该病的发生和流行与当年6～8月份的降水次数和降水量成正相关，7～8月份降水量少于150 mm发病轻，达到250 mm发病重，超过330 mm暴发成灾。一般雨季早、降水多、气温高的年份发病重，低洼地、行间郁闭的枣园比高燥坡岗地、行间通风良好的地块发病重。品种间抗病性有差异,一般沧州金丝小枣、赞皇大枣、灵宝大枣等较抗病,新郑灰枣次之,木枣、内黄扁核酸枣最感病。

【防治方法】 认真贯彻“预防为主,综合防治”的植保工作方针,以健康栽培为基础,加强前期预防,彻底封锁发病中心为重点。病害流行期要选准药物,统一行动,实行群防群治。要做到防治及时,喷药严密,叶片正反面喷匀喷透,地块喷药到位,不留死角。

1. 农业措施 加强栽培管理。冬前或早春清园,清扫枣园中的残枝落叶及病残体,集中烧毁,消灭越冬菌源。枣树发芽前,对树体喷布3~5波美度石硫合剂一次。适当掌握枣树栽植密度,做到合理密植,改善田园生态环境,创造不利于病害发生的自然条件。合理修剪,疏除过密枝和重叠枝,做到树体枝条分布合理,通风透光良好。加强肥水管理,排除积水,防止果园过于潮湿,可减少病害发生。

2. 早期预防 6月下旬开始,结合防治冬枣斑点病,使用杜邦易保1500倍液,或20.67%噁酮·氟硅唑3000倍液(雨后3天内使用效果最佳),或苯醚甲环唑、氟硅唑、腈菌唑、烯唑醇等唑类农药,可有效地预防后期病害的发生。200倍等量式波尔多液于7月中旬喷雾一次,80%代森锰锌液也有良好预防效果。

3. 药剂防治 花后7~10天、7月上旬和8月初为防治最佳时期。花后先喷三唑酮、氟硅唑,然后于7月上旬和8月初各施用1次波尔多液进行保护,效果很好。如6~8月份雨量偏少,可单一使用波尔多液。

三、冬枣溃疡病

2000年以来,冬枣种植由庭院转向大田规模化种植。沿渤海湾南岸已形成初具规模的冬枣产业带。随着冬枣种植面积的逐渐扩大,集约化密植栽培、生态环境条件改变,冬枣的病虫害种类不断增加,危害程度也越来越重。近年来,在冬枣生长前期发生了一种溃疡病,造成冬枣大量落蕾、落花、落叶、树势衰弱,冬枣显著减产,甚至绝收。

【症　状】 该病主要危害枣吊、叶片和幼果,枣头受害较轻。枣吊发病初期呈白色疤状突起点后开裂,纵向扩展,长度一般为0.3～1 cm,最长达2 cm,深达髓部,宽度绕枣吊或枣头1/3～1/2。患病枣吊蕾、花易脱落。放大观察,病斑常有细小的横裂纹,表面有菌膜,有灰白色至浅褐色溃疡状裂斑;叶片发病初期为半透明水渍状小点,后扩大为圆形、椭圆形或不规则形病斑,后期病斑开裂、穿孔,叶脉出现浅褐色病变,病斑沿叶脉延伸并伴有菌脓。风干后,形成黑色菌脓斑,酷似真菌病原物。随着疮痂病的不断侵染蔓延,叶脉坏死,叶面开始出现水渍状泡斑,渐渐干枯,形成"缘枯",并大量脱落。幼果受害初为白色危状突起,后开裂流胶,病斑成浅褐色至褐色凹陷。

【病　原】 属于细菌域,变形细菌门,有三种致病菌,一种是黄单胞菌属,油菜黄单胞菌 *Xanthomonas campestris* Pamme (Dowson, 1939);第二种是洋葱假单孢杆菌 *Pseudomonas cepacia* Burkholder,引起冬枣嫩梢焦枯;第三种是假单孢杆菌属的 *Pseudomonas* sp.。

【发病规律】 该病的初侵染源主要是上年染病脱落的叶片、枣吊及被害枣头所带的病菌。病菌从嫩组织的皮孔、气孔、伤口侵入,但主要侵染点是绿盲蝽和大青叶蝉等的刺吸式口器造成的伤口。该病的发生及危害与空气湿度和温度有关。4月中旬至5月初,气温偏低,不利于病菌侵染,发病很轻。5月中旬至6月中旬花蕾发育、开花及坐果期,气温为20℃～33℃,适宜病菌的繁殖和侵染。此期若干旱少雨,发病相对较轻。降水和浇灌能加重发病程度,每次降水后出现一个发病高峰。6月底,随着炎热季节的来临,高温会抑制病原菌的侵染与繁殖,受害程度随之减轻。调查发现,树势弱则发病重,特别是上年开甲过重,或被甲口虫(灰暗斑螟)为害,伤口愈合不好,或干腐病危害重的树发病重;绿盲蝽防治不及时、虫口密度大而危害重的园片发病亦重。

【防治方法】

1. 培养壮树 提高树体抗病能力,配合有效的药物,掌握有利时机,以狠抓盲椿象等刺吸式口器害虫的防治为重点。

2. 药剂防治 萌芽前对树体喷3～5波美度石硫合剂1次。4月中下旬,及时防治盲椿象、蓟马等害虫,可选用毒死蜱、氯氟氰菊酯等农药,结合防治加入1.5%噻霉酮600倍液或农用链霉素500万单位,或加入中生菌素进行防治,每隔5～7天喷药一次。

四、柿角斑病

【症 状】 柿角斑病遍布全国各柿产区,发病严重时可造成柿树早期落叶、落果,对产量和树势均有较大影响。该病主要危害叶片,也可危害柿蒂。叶片发病,初在正面产生黄绿色病斑,斑内叶脉变黑,病斑形状不规则,边缘模糊。随着病斑的不断扩展,颜色不断加深,最后形成中部浅褐色、边缘黑色的多角形病斑。在适宜条件下,病斑表面密生黑色绒球状小粒点(分生孢子座)。病叶背面颜色较浅,开始为淡黄色,后为褐色或黑褐色,黑色边缘不甚明显,小黑点稀疏。柿蒂上的病斑多发生在四角上,浅褐色至深褐色,有时有黑色边缘,形状不规则,两面均可产生黑色绒球状小粒点,背面较多。

【病 原】 病原为柿尾孢 *Cercospora kaki* Ellis & Everh.,属于无性菌类尾孢属。分生孢子倒棍棒状,上端较细,无色或淡黄色,有0～8个隔膜。

【发病规律】 病菌主要以菌丝体在柿蒂和落叶病斑中越冬,

而结果大树则以挂在树上的病蒂为主要初侵染源。病蒂可在柿树上残存 2～3 年,病蒂内的菌丝可存活 3 年以上。柿树落花后 1 个多月内,即 6～7 月份,越冬病蒂便可产生大量分生孢子,通过风雨传播,从气孔侵入,经过 25～28 天的潜育期,8 月初开始发病,9 月份病斑定形,病叶开始脱落。重病树从 9 月下旬至 10 月上旬病叶相继脱落,柿果变红、变软后脱落。当年生病斑上产生的分生孢子可以进行再侵染。但由于该病的潜育期较长,再侵染在病害循环中不重要。

柿角斑病的发生与叶片老嫩、菌源数量和当年的降水情况密切相关。柿角斑病菌不易侵染幼叶,故枝梢顶部叶片病轻,而下部老叶病重;病菌分生孢子的传播、萌发和侵入,均需高温和降水,所以 5～8 月份降水早,雨量大,发病严重。同时,环境潮湿也有利于该病发生,所以渠边、河旁的柿树及树冠下部和内膛的叶片发病重,而路边旱地柿树及树冠上部和外围叶片发病轻。由于该病的发生主要决定于初侵染,因此树上病蒂多和靠近黑枣树的柿树发病严重。

【防治方法】 此病的发生主要取决于树上病蒂的多少和 6～7 月份的降水情况,所以在防治上应采取以彻底摘除树上病蒂为主,适时进行化学防治为辅的综合防病措施。

1. 清除初侵染源 秋后彻底清除挂在树上的病蒂及落地病蒂、病叶,集中销毁,可大大减少初侵染源,控制病害发生。

2. 加强栽培管理 加强肥水管理,改良土壤,促进树势健壮,提高抗病能力;合理修剪,适时排灌,降低田间湿度,创造不利于病菌繁殖生息的场所;柿树园内及其附近应避免栽植黑枣树,以减少病菌传播侵染。

3. 药剂防治 落花后立即开始喷药,每隔 10～15 天喷 1 次,一般年份喷 1～2 次,多雨年份喷 2～3 次。有效药剂有:多菌灵、甲基硫菌灵、醚菌酯、苯醚甲环唑、代森锰锌和异菌脲等。

五、柿圆斑病

【症　状】 柿圆斑病在河北、河南、山东、陕西、浙江等省均有分布。该病主要危害叶片，也可危害柿蒂。叶片发病，初期形成浅褐色、边缘不太明显的小斑点。后扩展为边缘黑色，中部褐色，外围有黄色晕圈的圆形病斑。落叶后在病斑背面出现黑色小粒点(子囊壳)。每片叶可产生许多病斑，发病严重时，病叶在几天内可变红脱落，然后树上的柿果也逐渐变红，变软，相继大量脱落。

柿蒂上的病斑圆形，褐色，比叶片上的病斑发生晚，病斑较小。

【病　原】 病原属于子囊菌门中的柿叶球腔菌 *Mycosphaerella nawae* Hiura & Ikata。子囊孢子在子囊内排成 2 行，无色，纺锤形，双胞，成熟时上胞较宽，分隔处稍缢缩。

【发病规律】 病菌以未成熟的子囊壳在病叶上越冬，翌年 6 月中旬至 7 月上旬子囊壳成熟，并弹发出子囊孢子，通过风雨传播，萌发后从气孔侵入，潜育期为 60～100 天，一般于 8 月下旬至 9 月上旬开始出现症状，9 月下旬病斑数量大增，10 月上中旬病叶大量脱落。由于该菌在自然条件下不产生分生孢子，故没有再侵染，所以初侵染的多少就决定了当年发病的轻重，而 6～8 月份的降水决定越冬病菌子囊壳的成熟、孢子飞散传播和萌发侵入。因此，上年病重落叶多，当年 6～8 月份雨早、雨多，该病将严重发生。另外，树势的强弱和病害发生也有密切的关系。弱树和弱枝上的叶片易感病，而且病叶变红快，脱落早；相反，壮树和壮枝上的叶片比较抗病，病叶不易变红，而且脱落也比较慢而少。凡地力差或施肥不足，均可导致树势衰弱，发病往往比较严重。

【防治方法】 由于柿圆斑病没有再侵染，所以应采取以消灭初侵染源为重点的综合防治措施。

1. 搞好田间卫生　秋后至开春前，彻底大面积清扫落叶，集中烧毁或深埋，可大大减少初侵染源，控制该病发生。

2. 加强栽培管理　增施有机肥，改良土壤，合理修剪，雨后及时排水，促进树势健壮，增强抗病能力。

3. 喷药保护　柿落花后（6 月上中旬），在子囊孢子大量成熟飞散之前开始喷药，可获得较好的防治效果。如能准确预报子囊孢子的飞散时间，喷药 1～2 次即可控制病害发生。目前常用的药剂有：苯醚甲环唑、福美双、代森锰锌及多菌灵等。

六、草莓灰霉病

草莓灰霉病是草莓保护地生产中的重要病害，由真菌引起，直接危害果实，给种植户造成极大的经济损失。

【症　状】　草莓灰霉病主要危害果实，花瓣、花萼、果柄，叶片及叶柄也可感病。开花坐果时，一般与湿土接触的果面先发病，然后沿果柄蔓延至花序，使整个花序腐烂枯死。果实在近熟期发病，受害部位出现黄褐色小斑，呈油浸状，逐渐扩展至全果变软腐烂。果面密生灰色霉层，湿度高时，则长出白色絮状菌丝；叶片受害，靠近叶柄部的叶基处先发病，初呈水渍状小斑点，后向外扩展成圆形、半圆形、近圆形或不规则灰褐色大病斑，最后蔓延全叶，导致叶片腐烂、枯死，病部常产生灰褐色霉状物，发病后期易引起早期落叶。

【病原】　无性态为灰葡萄孢（*Botrytis cinerea* Pers.），属于无性菌类葡萄孢属。病菌的孢子梗数根丛生，其上着生大量分生孢子。分生孢子圆形至椭圆形，单细胞，近无色。

【发病规律】　病原菌主要以分生孢子、菌丝体或菌核在病残体和土壤中越冬。环境条件适宜时，菌核萌发产生分生孢子梗及分生孢子；分生孢子借助气流、棚室内水气和露水进行传播，在露地主要靠风雨传播，农事操作也可传播。分生孢子在适宜的温度和湿度下萌发产生芽管，通过伤口侵入。发病部位在潮湿的环境下产生分生孢子，进行再次侵染。适宜温度为18℃～22℃，湿润的环境有利于发病。大棚连作田块病残物多，草莓发病早且重；偏施氮肥，草莓生长旺盛，叶面大而嫩绿，易患灰霉病；过度密植，栽培垄过低，植株基部老叶多，以及垄内积水，棚内通气不良，都会引起严重发病。

【防治方法】

1. 避免多年连作 可选择前茬不是草莓、土质疏松的地块定植，进行草莓、玉米、水稻等作物轮作，以避免土壤传染该病。

2. 合理栽培 采用高垄双行栽植技术，垄高30～35 cm，密度以8 000株/667m^{2}为宜。为防止棚内过度潮湿，在垄上覆盖地膜，既可减少土壤水分蒸发，又能避免果实与土壤接触，起到减少病菌感染、保持果面清洁的双重作用。

3. 水肥管理 水应少浇、勤浇，有条件的可进行滴灌。灌水时切忌水浸果实，棚内湿度过大时，可在午间温度高时短时间通风。同时增施有机肥及磷、钾肥，控制氮肥用量，防止徒长。

4. 清洁田园 摘除病叶、病果，及时疏除多余花序，摘除老叶，并带出棚外集中销毁，严防扩展蔓延。

5. 药剂防治 因大棚草莓病害多在开花前后开始发病，所以可在草莓现蕾期重点用药(开花前后不宜用药)。选用的药剂有：乙霉威、嘧霉胺、异菌脲、苯醚甲环唑等。灰霉病菌容易产生抗药性，因此应该多种药剂轮换使用。

七、草莓再植病害

再植病害也叫做连作障碍，是指同一种作物连续在同一地块种植，在第二个生长季以后，作物便出现发育不良、病害加重，导致产量和品质严重下降的现象。对于草莓主要是指由于连作造成土壤环境恶化,使草莓生产严重受限的综合因素。究其原因,有侵染性病害和非侵染性病害两个原因,如病害加重、化感作用、作物对土壤营养元素片面吸收、土壤理化状况变劣等。在这些因素中侵染性病害是造成草莓连作障碍的最重要原因。

【症　状】 草莓再植病害主要危害根部。连作草莓发病逐渐严重,有冬前和冬后两个发病高峰,其中冬后高峰危害严重。由真菌性病原造成的病害,草莓定植后新生的不定根症状最明显,发病初期不定根的中间部位表皮坏死,下部老叶叶缘变为紫红色或紫褐色,逐渐向上扩展,全株萎蔫枯死。翌年3月中旬至5月中旬,地下部病情急剧发展,根部变黑,检查根部可见根系先从幼根前端或中部变成褐色或黑褐色腐烂。横切根颈,中心呈赤褐色。扩展到根颈部,易拔断。由卵菌门引起的草莓再植病害,主要造成植株矮小,果实瘦小,果味淡。由线虫引起的病害,则出现植株矮化,叶片扭曲变形,根部产生绿豆粒大小的根结。

【病　原】 草莓再植病害的病原由疫霉菌(*Phytophthora cactorum*)、丝核菌(*Rhizoctonia* sp.)、拟盘多毛孢菌(*Pestalotiopsis* spp.)、镰孢菌(*Fusarium oxysporum* f. sp. *fragariae*)、轮枝孢菌(*Veicillium dahliae*)、褐座坚壳菌(*Rosellinia necatrix*)、线虫(*Ditylenchus dipsaci*,*Meloidogyne hapla*)等多种病原生物引起。

【发病规律】 疫霉菌 *Phytophthora cactorum* 主要以卵孢子在地表病残体或土壤中越夏。卵孢子在土壤中可存活多年,条件适宜时即萌发形成孢子囊,释放出游动孢子,侵入植物的根系或幼根。丝核菌 Rhizoctonia sp. 以菌丝或菌核在土壤中越冬,或以菌丝在病残体中越冬,土壤习居菌,在土壤中可存活2～3年,直接侵入为害。由镰孢菌 *Fusarium oxysporium* f. sp. *fragariae* 引起的病害,以菌丝体和厚垣孢子随病残体在土壤、未腐熟的粪料中越冬,从伤口和自然裂口侵入,温度15℃～18℃时开始发病。轮枝

孢菌 *Verticillium dahliae* 由菌丝、厚垣孢子和小菌核在土壤中越冬，从根部侵入，沿皮层细胞进入导管，堵塞和毒害导管，造成植株萎蔫和死亡。高温时，病害潜伏，症状缓解。春秋季温度低，发病严重。褐座坚壳菌 *Rosellinia necatrix* 引起根腐，以菌丝、菌核和菌索（白色）在土壤中越冬，翌年从幼根侵入，7～9 月份发病严重。线虫有茎线虫 *Ditylenchus dipsaci* 和根结线虫 *Meloidogyne hapla*，以卵、幼虫和成虫在土壤和粪肥中越冬，受害种苗也是主要病害来源。

【防治方法】

1. 合理轮作，避免连作　可以选择和水稻、十字花科蔬菜轮作，特别是和水稻轮作效果明显。一般作物需要 4 年以上的轮作。

2. 清洁田园　草莓生长期和采收后，将地里的草莓病株全部挖除干净，及时清除田间病株和病残体，集中烧毁或深埋。减少病菌传播与积累。

3. 土壤热力消毒　在草莓采收后，将地里的草莓植株全部挖除，施入大量有机肥，深翻土壤，灌足水，在光照最充分、气温较高的夏季 7～8 月份，地面用透明塑料薄膜覆盖 10 天以上，利用太阳能使地温上升到 50℃～60℃，可使土壤消毒。同时也可促使土壤中的有机质分解，提高土壤肥力。

4. 高垄地膜栽培　选择地势较高、排水良好、肥沃的砂质壤土地块种植草莓。定植前，深翻晒土，采取高垄地膜栽培，提高早期地温，增加土壤通透性，促进快速缓苗，壮大根系，增加植株的抗病力。

5. 化学防治　利用溴甲烷熏蒸土壤，对草莓根腐病防效较高，有些地块防效可达 100%。但溴甲烷对臭氧层破坏严重，发展中国家将于 2015 年全面禁止生产和使用。

八、草莓白粉病

白粉病是危害草莓的重要病害之一，特别是在保护地栽培的条件下，温、湿度适宜该病的发生，因此保护地比露地发病更加严重。该病显著降低果实产量，影响果实品质，同时使秧苗质量变差，移栽后不易成活。

【症　状】 草莓白粉病是保护地草莓生产上的主要病害。该病主要危害叶片、果实、果梗和花。近成熟果或成熟果发病严重。发病初期，叶面出现薄霜似的白色粉状物，叶片向上卷曲，叶缘萎缩、焦枯，果实停止生长，着色变差；花蕾和花感病后，花瓣变为红色，花蕾不能开放。

【病　原】 病原菌为子囊菌门的羽衣草单囊壳 *Sphaerotheca macularis*(Wallr. ex. Fr) Jacz. f. sp. *fragariae peries*；闭囊壳深褐色，近球形，内含一个子囊，附属丝状。

【发病规律】 在我国北方，白粉病以菌丝体或闭囊壳在种苗及病残体上越冬；在南方，多以菌丝体或分生孢子在寄主上越冬或越夏。靠气流雨水传播。侵染适温为15℃～20℃，低于5℃和高于35℃均不发病；病菌对湿度要求不严，降水可抑制孢子飞散，晴天午后孢子大量飞散传播，远距离传播主要靠繁殖材料调运。该病在大棚等保护地中发病较重。偏施氮肥的田块，由于草莓生长较嫩绿，对病害抵抗力较差，一般发病较重。

【防治方法】

1. 采用抗病品种　宝交、早生、甜查理、女峰、甜玫瑰、竞香、大赛等品种抗病性较强，可选择种植。

2. 冬季清园　烧毁病叶、残株。生长季节及时摘除地面上的老叶及病叶、病果，并集中深埋，切忌随地乱丢。

3. 栽培管理　要注意园地的通风条件，雨后要及时排水；增施有机肥、磷钾肥，切忌偏施氮肥。

4. 药剂防治

(1)对症施药　药剂可选醚菌酯、四氟醚唑、氟硅唑、高渗腈菌唑、百菌清和苯醚甲环唑等。唑类杀菌剂有抑制生长作用，幼苗期注意用药浓度。

(2)适期防治　要在发病初期用药。露地草莓开花前的花茎抽生期，保护地草莓的10～11月份和翌年的3～5月份，是防治白粉病的适期，可隔7～10天用药一次。

(3)提高防治质量　药液在叶面和叶背都要喷到，各种药剂应尽量做到交替使用。

(4)掌握安全间隔期　用药物防治要在采收前7天停止用药，控制农药残留。

第二节　其他果树害虫及防治

一、日本龟蜡蚧

【分布与为害】　日本龟蜡蚧 *Ceroplastes japonicus* Green，别名日本蜡蚧、枣龟蜡蚧、龟蜡蚧、柿虱子，属同翅目蜡蚧科。除为害枣树外，还可为害柿、柑橘、苹果、梨、山楂、桃、杏、李和石榴等100多种植物。国内分布于黑龙江、辽宁、内蒙古、甘肃、北京、河北、河南、陕西、山西、山东、安徽、上海、浙江、江西、福建、湖北、湖南、广东、广西、四川、贵州和云南等地。国外分布于俄罗斯、日本、朝鲜、菲律宾及东亚一带。

近年来，日本龟蜡蚧的危害日趋严重，主要以成、若虫寄生于寄主的枝干、茎、叶片或果实上，以刺吸式口器吸取组织汁液，在枝干上、树叶上形成一个个的小白点。吸食枣树汁液，造成枣树树势衰弱,被害植株生长缓慢或停止生长而成为"小老树"。气候潮湿时,易引起腐生的烟煤病菌发生,污染叶片,严重影响叶片的光合作用,引起植株部分或整株死亡。

【形态特征】

1. 雌成虫　虫体宽卵圆形,黄红色或紫红色,背覆白色蜡质介壳,向上隆起或突起形成龟状凹纹或半球形;体腹面柔软。触角鞭状。足3对,细小(图7-1)。眼位于体边缘触角基节水平线上。口器刺吸式,刺较发达,位于前足基节之间。足很发达,跗节较粗,顶端膨大。气门发达,喇叭状。腹面末端有产卵孔。受精雌成虫,体长约2.0 mm,宽约1.5 mm,蜡壳为圆形或椭圆形,背部向上隆起,直至产卵时呈半球形,体周边有7个圆突,此时虫体长约3 mm,宽2～2.5 mm。

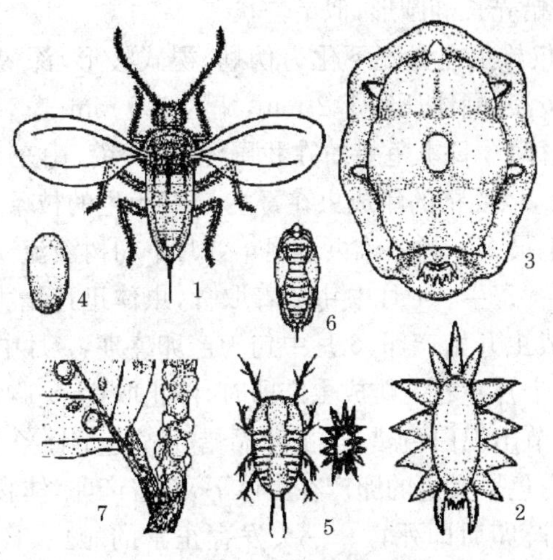

图7-1　日本龟蜡蚧

1. 雄成虫　2. 雄成虫蜡壳　3. 雌成虫蜡壳　4. 卵　5. 若虫　6. 雄蛹　7. 为害状

2. 雄成虫 体长约 1.3 mm,翅展约 2.2 mm,体为深褐色或棕褐色,头与前胸背板色较深,触角鞭状,翅白色透明,具 2 条明显翅脉,基部分离。

3. 卵 椭圆形,长径约 0.3 mm,初产时乳白色,后渐变为浅黄色至深红色,近孵化时为紫色。

4. 若虫 初孵化若虫体扁平,椭圆形,长 0.5 mm 左右,触角丝状。复眼黑色,足 3 对细小,腹部末端有臀裂,两侧各有 1 根刺毛。自若虫在叶上固定 12～34 小时后,背面开始出现白色蜡点,2～3 天后虫体四周显示出白色蜡刺,尾部蜡刺短而缺裂,成对分布于肛板两侧。随着生长发育,蜡壳加厚,并周边伸出 15 个三角形的蜡芒,头部有尖而长的蜡刺 3 个,体两侧及尾部各 4 个,相继出现雌雄形态分化。雌若虫背部微隆起,周边出现 7 个圆突,状似龟甲;雄若虫蜡壳长椭圆形,似星芒状。

5. 蛹 仅雄虫在介壳下化为伪蛹,裸式梭形,深褐色或棕褐色。翅芽色较淡,蛹体长约 1.2 mm,宽约 0.5 mm。

【发生规律】 日本龟蜡蚧在我国河北、河南、山东、山西等地每年发生 1 代,以受精的雌成虫在寄主 1～3 年生的枝条上越冬,以当年生枣枝上最多。越冬雌虫于翌年 3 月下旬树液流动时开始发育,并继续为害寄主。4 月中旬随着取食,虫体迅速增大。5 月底至 6 月初雌成虫开始产卵,6 月中旬为产卵盛期,7 月中旬为产卵末期,卵期半个月左右。雌成虫产卵时,停止取食,头胸缩小,腹部膨大,腹部各节出现白色蜡质,虫体靠蜡壳固定于枝条上,蜡壳此时硬而呈灰白色。大量的卵产在虫体下,随着产卵,体腹逐渐向头胸方向收缩,产卵后即死亡。一头发育正常的雌虫,日产卵量为 693 粒。据观察,日本龟蜡蚧开始产卵的 4～5 天卵量较多,约占总卵量的 65%～83%。卵孵化盛期比较集中,6 月中下旬起逐渐孵化为若虫,7 月上中旬的孵化出壳率可占到总数的 70%～80%,7 月底基本孵化出壳完毕。因此,7 月上中旬是夏季药剂防治的关键期。日本龟蜡蚧卵的自然孵化率也很高，一般高达 85%～93%，先产下的卵孵化率高于后产下卵的孵化率。若虫从 7 月底至 8 月初可以从外形上区分雌、雄，一般雌、雄性比为 1∶2～3。日本龟蜡蚧成、若虫的自然死亡率除天敌作用外，主要与 7～8 月份的降水量有关。

日本龟蜡蚧有较强的趋嫩寄生习性。雌若虫孵化后好群集于叶片和嫩枝上，雄若虫常沿叶面的叶脉固定，蜕皮时少数移动。个别雄虫 8 月上旬化蛹，8 月底、9 月初为化蛹盛期，9 月下旬化蛹基本完毕，蛹期 20 天左右。雄成虫始见于 8 月中旬末，9 月下旬为羽化盛期，10 月上中旬为羽化末期。雄虫羽化后，从蜡壳下爬出，然后飞翔，白天活跃、飞舞，并寻找雌成虫进行交尾。雄成虫具趋光性，寿命为 2 天左右。雌虫在叶片上为害，一直持续到 8 月底，同时雌虫与雄虫交尾，然后开始逐渐回枝，由叶片逐渐向 1～2 年生的枝条上转移。9月上中旬为回枝盛期，10 月上旬绝大多数已回枝。回枝后，一直固定不动地取食为害。随着旬均温度降到 10℃以下时，树液停止流动，11 月中旬该虫进入越冬。

【防治方法】 根据日本龟蜡蚧的发生特点，防治的有利时期是雌成虫越冬期和夏季若虫前期。自 6 月上旬开始，每隔 5 天从不同果园中，分别采集有虫枝条，观察记载雌介壳下方的卵、孵化若虫和自然死亡率等情况，然后计算出比例。虫害发病严重的果林，其孵化盛期（即若虫出壳率达 40%左右）和末期是防治关键期，此时应及时组织喷药防治。发生轻的果园，可在该虫孵化末期喷药一次即可。

1. 人工防治　通过适度修剪，剪除干枯枝、过密枝和不适宜的有虫枝条，以减少虫枝数量；同时结合刮、刷等人工防治，可将该虫消灭 95%以上。另外，在滴水成冰的严冬，喷水于枣枝上，连喷 2～3 次，使枝条结满较厚冰块，再用木棍敲打树枝将冰凌震落，越冬雌成虫可随同冰凌一起震落。

2. 保护和利用天敌 枣园中应严禁使用剧毒高残留农药,保护好天敌。天敌有瓢虫、草蛉、寄生蜂等。结合整修枝,剪去虫枝,集中放于园外空地,让寄生蜂羽化飞出,寻找寄主,以利保护天敌。

3. 化学防治 日本龟蜡蚧卵孵化后的6天左右,为树上用药的关键期,并要求在2～3天内用完一遍。大发生年份,应在卵孵盛期和末期各喷1次。农药应选用:杀扑磷、乐果、杀灭菊酯、三氟氯氰菊酯、联苯菊酯、毒死蜱、水胺硫磷、敌敌畏等。另外,冬季结合人工防治,可喷布3～5波美度石硫合剂,并加入0.3%的洗衣粉,以增加其展着力与湿润作用;或喷布3%～10%的柴油乳剂。

二、枣瘿蚊

【分布与为害】 枣瘿蚊 *Dasineura datifolia* Jiang,别名卷叶蛆、枣芽蛆,属双翅目瘿蚊科。主要为害枣树和酸枣树。成虫虫体似蚊,橙红色或灰褐色,使人误以为是不伤害枣树的蚊子。幼虫蛆状,以幼虫为害枣芽和嫩叶。被害叶片叶缘向里卷曲呈筒状,幼虫在卷叶内吸汁为害,1个叶内有几条至十几条幼虫。卷叶部位红紫色,质硬而脆,逐步变为黑褐色,枯焦脱落,使枣吊叶量减少,对生长、开花和结果都产生不利影响。我国大部分枣区均有发生。分布于河北、陕西、山东、山西、河南等地各枣产区。

【形态特征】

1. 成虫 雌虫体长1.4～2 mm,复眼黑色肾形;触角念珠状,14节,黑色细长,各节近两端轮生刚毛。头部较小,头、胸灰黑色,腹背隆起黑褐色。胸背与腹部有3块黑褐色斑,全身密被灰黄色细毛。翅椭圆形,上生黄褐色羽毛,边缘有同色缘毛,前缘毛细密而色暗;后翅退化成平衡棒。足细长,3对,黄白色,腿节外侧的毛呈灰黑色,前足与中足等长,后足较长。腹面为黄白色、橙黄色或橙红色,共8节,1～5节背面有红褐色带,第九节延伸成一细长的伪产卵管,8、9 节间可以套缩。雄虫体型略小于雌虫,体长 1～1.3 mm,腹节狭长,9 节。

2. 卵 白色,微带黄色,长椭圆形,长径约 0.3 mm,短径约 0.1 mm,一端削尖,外被一层胶质,琥珀色有光泽。

3. 幼虫 老熟幼虫体长 1.5～2.9 mm,蛆状,乳白色至淡黄色,体节明显。头小,褐色,胸部具琥珀色胸叉 1 个。

4. 蛹 长 1.0～1.9 mm,体略呈纺锤形,初化蛹乳白色,后渐变为黄褐色。头顶具一对明显的刺;触角、足、翅芽均清晰;腹部 8 节。雌足短,伸达第六腹节;雄足长,达腹末。茧长 1.5～2 mm,椭圆形,灰白色或灰黄色,丝质,外附土粒。

【发生规律】 此虫在山东 1 年发生 5 代,在河北、河南 1 年发生 5～6 代。各地均以幼虫于树冠下的土壤内做椭圆形茧越冬,翌年枣树萌动后开始上升到近地面的表土中另做茧化蛹。在山东烟台一带,5 月中下旬羽化为成虫,然后交尾产卵。1～4 代幼虫的盛发期,分别在 6 月上旬、6 月下旬、7 月中下旬、8 月上中旬,8 月中旬出现第五代幼虫,9 月上旬枣树新梢停止生长时,即以第五代幼虫开始入土越冬。卵期 3～6 天,幼虫历期 8～13 天,蛹期 6～12 天,成虫寿命 1～3 天。翌年枣萌芽时化蛹、羽化、交尾后,成虫产卵于未展开的嫩叶缝隙处或刚刚萌发的枣芽上,每头雌虫产卵 40～100 粒不等,卵数粒或数十粒,成串排列。5 月上中旬枣吊迅速生长期,嫩叶多,为害严重,孵出的幼虫吸食嫩叶汁液,刺激叶肉组织由两边向上卷起呈筒状,幼虫隐藏于其中为害。4 月下旬叶片开始纵卷,卷叶内有 1 条或数条小白蛆状幼虫,5 月上旬为为害盛期,5 月中旬被害叶逐渐焦枯脱落,5 月末至 6 月初,幼虫老熟后落地入土化蛹,6 月上旬羽化为成虫。以后嫩叶减少,发生为害也渐轻。新嫁接、新定植的幼树及苗圃地,由于营养生长旺盛,枣头停止生长晚,嫩叶不断形成,故为害较重。枣瘿蚊各代发生参差不齐,存在严重的世代重叠现象。全年有 5 次以上的为害高峰期。

每年最后一代老熟幼虫于 8 月下旬以后入土做茧越冬。

幼虫越冬茧的入土深度，因土壤种类不同而异。黄土地，冬茧多在离地面 20～30 mm 处；沙土地，冬茧则在 30～50 mm 处。化蛹茧则因土壤种类及水分多少而不同，黄土地多在离地面 10～20 mm 处，沙土地则在 20～40 mm 处。夏季雨水多时，幼虫入土做茧化蛹的深度比春秋干旱时浅。

成虫羽化多于 6～9 时进行。少数则迟至 11 时，下午羽化的极少。成虫羽化后不久即飞翔，但飞翔力不强，多于离地面 20 cm 以内。成虫喜阴暗，惧光，产卵多于夜间进行。卵产于枝端尚未开展的嫩叶上，嫩叶长达 10 mm 左右即可被寄生。单雌产卵量为 40～100 粒不等。幼虫为害至老熟时，常借露水或雨水湿润时爬出，落入土中化蛹。如天气干旱，被害叶枯干较早，幼虫不易爬出时，则滞留于叶中，以后再爬出。枣瘿蚊喜欢于树冠低矮、枝叶茂密的枣枝或丛生的酸枣上为害。树冠高大、零星种植或通风透光良好的枣树受害轻。

【防治方法】

1. 彻底清理枣园，消灭越冬幼虫 在春季 4 月份以前，清扫枣园，将剪下的枯枝和落叶扫出，并集中烧毁，这也可以防治其他越冬病虫害。清理后，深翻土壤，把老熟幼虫和蛹翻至深层，阻止其正常羽化出土，可大大减少虫源。或进行耕翻，将土内幼虫翻出后，向地面喷洒 50%辛硫磷乳油，每 667m^2 用 0.5kg，喷后最好再耙一下，把越冬的幼虫杀死。也可于封冻前浅翻，冻死越冬幼虫，减少翌年虫口基数。4 月上旬枣树萌芽前，在树下铺地膜，阻止成虫出土，并消灭第一代老熟幼虫。

2. 树上喷药 防治枣瘿蚊重点在预防，树上喷药一定要早，不要等到看见有虫时再喷。在发芽前半个月左右，约 4 月初开始喷第一遍药。药剂可以选用杀灭菊酯或溴氰菊酯，杀虫率可达 90%左右。在发芽后，幼虫孵化而未卷叶时，喷第二遍药。经调查，以灭幼脲类药防治枣瘿蚊的效果最好。以后，根据虫情10～15天喷一次药。

3. 加强枣树管理　通过合理修剪、配方施肥等措施，增强树势，提高树体抵抗力，综合防治枣瘿蚊。这是防治各类病虫的关键。除了秋季施基肥外，分别在5～7月份追施化肥3次，前两次以氮肥为主，用尿素或二铵，后期增施磷、钾肥。同时配合叶面施肥，用0.3%尿素和0.3%磷酸二氢钾溶液交替喷施。树势强壮，才能降低枣瘿蚊的为害。

三、绿盲蝽

【分布与为害】　绿盲蝽 *Lygocoris lucorum* (*Meyer-Dur*)，属半翅目盲蝽科盲椿象属。主要为害枣树和棉花。绿盲蝽是为害枣树的优势种群。绿盲蝽以成虫、若虫的刺吸式口器为害。刺的过程分泌毒质，吸的过程吸食植物汁液，生长嫩绿、含氮量高的部位容易受害。因此，幼芽、嫩叶、花蕾及幼果等是其主要危害部位。枣树幼叶受害后，先出现红褐色或散生的黑色斑点，斑点随叶片生长而变成不规则的孔洞，俗称"破叶疯"；花蕾被害后即停止发育而枯死；幼果受害后，先出现黑褐色水渍状斑点，继而果面木栓化，甚至僵化脱落，严重影响枣果的产量和质量。绿盲蝽分布最广。在国外，分布于日本、欧洲、美国等地；在我国，各地均普遍发生和为害。

【形态特征】

1. 成虫　体长5 mm左右，绿色。触角比体短。前胸背板上有黑色小刻点；前翅绿色，膜质部分暗灰色(图7-2)。

2. 卵　长约1 mm。卵盖奶黄色，中央凹陷，两端突起，无附属物。

3. 若虫　初孵时全体为绿色，复眼红色。五龄若虫体鲜绿色，复眼灰色，身上有许多黑色绒毛。翅芽尖端蓝色，达腹部第四节。腺囊口为1个黑色横纹。

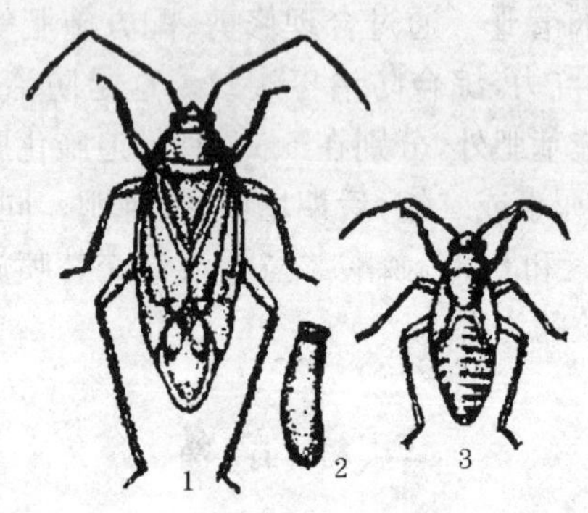

图 7-2 绿盲蝽

1. 成虫 2. 卵 3. 若虫

【发生规律】 1年发生5代，主要以卵在枣树等树种的树皮缝内、断枝和剪口处，以及苜蓿、蒿类等杂草或浅层土壤中越冬。翌年3～4月份，月均温达10℃以上、相对湿度高于60%时，卵开始孵化。第一代绿盲椿象的卵孵化期较为整齐，枣树发芽后即开始上树为害，5月上中旬枣树结果枝展叶期为为害盛期。5月下旬以后，气温渐高，虫口减少。第二代在6月上旬出现，发生盛期为6月中旬，为害枣花及幼果，是为害枣树最重的一代。3～5代分别在7月中旬、8月中旬和9月中旬出现，世代重叠现象严重，主要转移到豆类、玉米、蔬菜等作物上为害。成虫寿命为30～40天，飞行力极强，白天潜伏，稍受惊动，迅速爬迁，不易发现。清晨和夜晚爬到叶芽及幼果上刺吸为害。成虫羽化后6～7天，开始产卵。非越冬代卵多散产在幼嫩组织内，外露黄色卵盖，卵期7～9天。10月上旬产卵越冬。

绿盲蝽难以防治、易暴发成灾。主要有五个原因：一是适应范围广。绿盲蝽最初为牧草、棉花上的害虫，随着农业结构的调整，又成为果树、蔬菜等经济作物上的重要害虫。二是适宜的气候条件。绿盲蝽的发生与气候条件关系密切，气温在20℃～30℃、相对湿度为80%～90%的最适合发生。近年来，5月上中旬气温、春季气候特点适于绿盲蝽的发生。三是防治不力。绿盲蝽在夜晚或清晨爬到叶、芽上取食为害，受惊后即迅速爬迁，而且个体较小，体色与叶色相近，不容易被发现。同时，前些年该虫发生不整齐，规模小，形不成灾害，产生的危害未引起足够的重视。四是枣树、棉花等互为寄主植物，为绿盲蝽大量繁殖提供了丰富的食物来源。五是过度地依赖化学防治，因而杀灭了大量天敌，在一定程度上使绿盲蝽失控。

【防治方法】

1. 统一防治 由于绿盲蝽具有很强的活动能力，一家一户单独防治效果不理想。要根据预测预报，发动村民统一防治，有条件的乡（镇）、村要成立机防专业队，做到统一时间，统一用药，统一行动。

2. 抓住防治时机 由于盲椿象具有昼伏夜出习性，成虫白天潜伏于树下、沟旁杂草内，多在夜间和清晨为害。所以，喷药防治要在傍晚或清晨进行，并对树干、地上杂草及行间作物全面喷药，做到树上树下喷严、喷全，以达到较好的防治效果。

3. 交替使用农药 萌芽前喷5波美度石硫合剂，可有效杀死越冬卵。因盲椿象属刺吸式害虫，选择农药以内吸性较强和触杀性较好的药剂喷施效果最好，分别于4月中旬、5月上旬、6月下旬、7月中旬各喷一次10%的吡虫啉1 500～2 000倍液。若为大发生年份，则5月下旬要加喷一次高效氯氰菊酯进行防治。要交替轮换用药，防止单一用药。在枣树盛花期，应尽量减少用药次数和用药量。

4. 清除杂草，地面撒药 入冬前，清扫落叶、烂果、杂草，把主干、主枝上翘皮彻底刮除，集中销毁；地面撒药剂，消灭隐藏在土缝中的盲椿象，提高防治效果。树干涂白；生长季节，在树冠下清耕，防止杂草滋生。

四、枣尺蠖

【分布与为害】 枣尺蠖 *Sucra jujuba* Chu，别名枣步曲、枣尺蛾，属鳞翅目尺蛾科。此虫普遍发生于我国枣产区，以北方枣区受害最重。该虫在大发生年份时，除为害枣外，还可为害酸枣、苹果、梨、桃、花椒、杏、李、葡萄、杨、柳、榆、刺槐、花生、白薯、豆叶、刺儿菜和甜根草等。尤其近几年来，在山西、河北、河南、江苏等地为害苹果十分严重。以幼虫为害枣芽、花蕾及叶片。当枣芽萌动露绿时，初孵幼虫即开始为害嫩芽。因此，群众称之为“顶门吃”，严重发生年份可将枣芽吃光，形成“干枝梅”，造成大量减产。枣树展叶开花时，幼虫长大，食量明显大增，能将全部树叶及花蕾吃光，不但当年造成绝产，而且影响翌年坐果。

【形态特征】

1. 成虫 雄虫体长 12～13 mm，翅展约 35 mm；体翅灰褐色，深浅有差异。头具长毛，头顶混有鳞片。触角双栉状，棕色，背面覆有白鳞，栉齿上的微毛灰白色，密而长。喙极微弱，下唇须短而多长毛。胸部粗壮，密生长毛及毛鳞，前胸领片后缘有黑边，肩片被灰色长毛。前翅灰褐色，后翅中部有一条明显的黑色波纹状横线。中足和后足只有一对端距。腹部背面棕褐色，密被刺毛和鳞片。雌虫体长 15 mm 左右，灰褐色，触角丝状，背面覆灰鳞而呈锯状。喙退化，下唇须被短毛。前后翅均退化。腹部背面密被刺毛和毛鳞。产卵器细长，管状，可缩入体内。

2. 卵 椭圆形，有光泽。长径为 0.9～1 mm，短径为 0.8 mm 左右。数十粒或百粒卵产在一起，呈块状。初产时淡绿色，后渐变为淡褐色，近孵化时为暗黑色。

3. 幼虫　幼虫身体细长，行动时一屈一伸像拱桥，休息时，身体能斜向伸直如枝状。共 5 龄。老熟幼虫体长 37～40 mm，灰绿色或灰褐色，具 25 条灰白色纵条纹，头部淡黄褐色，密布黑褐色斑点，胸足 3 对，腹足、臀足各 1 对，胸部有 6 个白环。初孵幼虫全体褐色，具 5 条白色横环纹，龄期平均 6 天；二龄幼虫深绿色，体具 7 条白色纵纹，龄期平均 7 天；三龄幼虫灰绿色，体具 13 条白色纵纹，龄期平均 5 天；四龄幼虫灰褐色，体具 13 条黄色与灰白色相间的纵纹，龄期平均 5 天。

4. 蛹　体长 14～18 mm，纺锤形，紫褐色。腹末分 2 叉，呈"Y"字形，基部两侧各有一小突起。

【发生规律】　枣尺蠖在我国各枣区 1 年发生 1 代，极少数个体 2 年发生 1 代，均以蛹在树冠下 0.7～1 cm 深的土层中过冬或越夏。翌年 3 月下旬至 4 月上旬，当柳树发芽、榆树开花时，成虫开始羽化出土。4 月中旬至下旬，当苹果展叶、枣树萌芽之际，成虫羽化出土进入盛期。5 月上中旬，当杏花落、榆钱散之际为羽化末期，羽化出土期长达 50 多天。田间产卵初期在 4 月上旬，盛期在 4 月中下旬，末期在 5 月上中旬。当枣芽萌动露绿时，卵开始孵化；当枣树展叶、苹果落花时，田间卵孵化进入盛期；当枣树初花、苹果坐果时，卵的孵化进入末期。即 4 月下旬为孵化初期，5 月上中旬为孵化盛期，5 月下旬为孵化末期。幼虫老熟后即入土化蛹越夏、越冬。

成虫羽化后，雄虫爬到树干阴面或地面杂草上静伏，雌蛾则先在土表潜伏，然后爬到地表。傍晚大批爬行上树。成虫羽化后不进行营养补充，当日即可交尾，翌日产卵。交尾活动一般在傍晚开始，以 20 时至凌晨 2 时为最多。雌雄性比接近 2∶1。雌雄异型，雌蛾无翅靠爬行上树，雄蛾可飞到树上或在地面找雌蛾交尾。成虫一般交尾 1～2 次，每次交尾历时 2～15 分钟，多数在 4～6 分钟。成虫寿命最短 5 天，最长可达 16 天。

成虫交尾后2～3天，为产卵高峰期。卵成块产于枣树主干、主枝粗皮缝隙内，或产在树干基部石块、土缝下。每雌产卵1～13块不等，平均5.5块，每雌产卵量为几百粒至千余粒。卵块形状不规则，卵粒排列多为一层，亦有堆积2～3层者。卵块的大小与卵粒的多少，主要与产卵处的缝隙度有关，缝隙密度越大，卵块越小，卵粒越少。同一成虫所产的卵，一般需经3～4天才能孵化完毕。卵期最长34天，最短14天，平均22天。

初孵幼虫出壳后迅速爬行，具有明显向上、向高处爬行，遇惊扰吐丝下垂，随风飘荡的习性。这对于初孵幼虫极早觅食和群体扩散是十分有利的。一至二龄幼虫爬过的地方即留下虫丝，嫩叶受丝缠绕后难以生长。随着虫体龄期的增加，食叶、食花量递增，抗药性增强。四至五龄为暴食阶段，五龄幼虫食量最大，其食量占幼虫期总食量的90%以上。因此大田防治枣尺蠖时，一定要把幼虫消灭在三龄以前。幼虫有假死性，幼虫期为32～39天。老熟幼虫沿树干不爬或吐丝下垂，入土做土室，经6～7天化蛹，并以滞育蛹越夏、越冬，即蛹在土中经历夏季高温和冬季低温两个阶段。田间滞育解除时间为1月下旬；完成冬季滞育需经历田间冬季低温3个月以上。

【防治方法】 枣尺蠖的特点是雌蛾无翅，发生不集中，产卵量大，幼虫为害时间长，食量大，难以集中消灭。因此，防治枣尺蠖应以树下防治为重点。在土壤封冻前或解冻后，在有枣尺蠖发生的枣林区的枣树树冠下，当每株有蛹小于1头时可不防；在2～4头/株时为一般防治区；5头/株以上时为重点防治区。柳树发芽、榆树开花时，枣尺蠖成虫开始羽化；苹果展叶、枣树萌芽时，枣尺蠖成虫大量羽化；枣树展叶、苹果落花时，枣尺蠖卵孵化达盛期；枣树初花、苹果坐果时卵孵化已经完毕。

1. 阻止雌蛾及初孵幼虫上树 在枣尺蠖成虫羽化出土前，在树干基部距地面10 cm处绑一圈10 cm宽的塑料薄膜，要求与树干紧贴，接头处用钉书钉或塑料胶布粘合或钉牢。塑料带下缘用土压实，并用细土做成圆锥状小土堆，土堆基底开小沟，沟内撒1：10 的敌百虫毒土，可消灭绝大部分上树雌蛾。当地面卵块即将孵化前，在塑料带上涂一圈粘虫药膏（由黄油 10 份、机油 5 份、50%乙基 1605 乳油 1 份，混配而成），可以全部粘杀上树幼虫。

2. 绑草绳诱卵法　在塑料薄膜带下绑一圈草绳，可诱集雌蛾在草蝇缝隙内产卵，至卵接近孵化期时，将草绳解下烧掉或深埋。

3. 喷药防治　在卵孵化高峰期或成虫羽化高峰后 25 天左右进行用药，保证将幼虫消灭在三龄前。如果虫口密度大，发生重的枣园，结合调查、应在第一次用药后约 15 天用第二次药。使用的药剂有溴氰菊酯、三氟氯氰菊酯、杀虫脒、毒死蜱、辛硫磷、马拉硫磷、敌百虫或敌敌畏（后两种药剂在苹果树生理落果前禁用，避免产生药害）。另外，幼虫期使用苏云金芽胞杆菌，防效也很好。

4. 其他防治办法　如秋季或初春挖蛹，成虫羽化期捕捉成虫，刮树皮杀卵，利用枣尺蠖幼虫具有假死性的特点震虫捕杀。山区水源缺乏的地区，可利用敌敌畏插管烟雾剂放烟 40 分钟左右，幼虫死亡率可达 87.3%。

五、柿绒蚧

【分布与为害】　柿绒蚧 *Eriococcus kaki* Kuwana，又称柿绒粉蚧、柿毡蚧，属同翅目绒蚧科，是柿树的主要害虫之一，分布于河南、河北、山东、北京、山西、安徽等地。柿绒蚧以成虫和若虫吸食嫩枝、叶片和果实的汁液，使嫩枝枯死，叶片皱缩畸形，果实受害处初呈黄绿色小点，逐渐扩大成黑斑，提前软化脱落，降低产量和质量。

【形态特征】

1. 成虫　雌成虫椭圆形，长约 1.5 mm，宽 1 mm 左右，紫红色，腹部边缘分泌有细白弯曲的蜡毛状物，成熟时体背分泌出绒状白色蜡囊，长约 3 mm，宽 2 mm 左右，尾端凹陷。触角 4 节，3 对足小，胫节、跗节近等长。肛环发达，有成列孔及环毛 8 根。尾瓣粗锥状。雄虫长约 1.2 mm，翅展 2 mm 左右，翅无色透明。腹末具 1 小性刺和长蜡丝 1 对（图 7-3）。

2. 卵　紫红色，表面附有白色蜡粉及蜡丝，椭圆形，长 0.3～0.4 mm。

3. 若虫　紫红色，扁椭圆形，周缘生短刺状突。

4. 雄蛹　壳椭圆形，长约 1 mm，宽 0.5 mm，扁平，由白色绵状物构成。体末有横裂缝，将介壳分为上下两层。

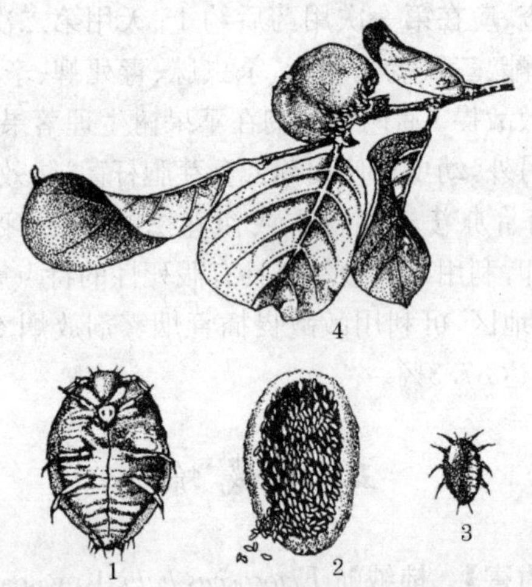

图 7-3　柿绒蚧

1. 雌成虫　2. 雌成虫腹下卵粒

3. 若虫　4. 柿树枝、叶、果被害状

【发生规律】　柿绒蚧在山东、河北 1 年发生 4 代，以被有薄层蜡粉的初龄若虫在树皮裂缝、枝条轮痕、叶痕及干柿蒂上越冬。翌年 4 月下旬，柿子新梢长出 4～5 片小叶时，开始出蛰，5 月上旬达到出蛰盛期。第一代若虫6月初开始孵化，6月10～15日为孵化盛期。第二代若虫在6月底至7月初孵化，7月中旬为盛期。第三代若虫8月中旬孵化，下旬为盛期。第四代若虫9月底出现，10月上旬为盛期。10月下旬至11月初，若虫开始越冬。

初龄若虫善于爬行，爬到嫩芽、新梢、叶柄、叶背等处吸食汁液，二龄以后开始固定取食，固着在柿蒂和果实表面为害，同时形成蜡被，逐渐长大分化为雌雄两性。5月中下旬变为成虫交尾。随后雌虫体背形成白色卵囊，开始产卵，雌虫可产卵百余粒，卵期12～21天。前两代主要为害柿叶及1～2年生小枝，后两代主要为害柿果，以第三代为害最重。嫩枝被害后，轻则形成黑斑，重则枯死；叶片被害严重时畸形，提早落叶；幼果被害后容易落果。柿果长大以后，由绿变黄变软，虫体固着部位逐渐凹陷、木栓化，变为黑色，严重时能造成裂果，对产量、质量都有很大影响。枝多、叶茂、皮薄、多汁的柿树品种受害重。

【防治方法】 柿绒蚧体有毛状蜡质分泌物，卵表面也有白色蜡粉，药物防治效果差。因此，根据其生物学特性和发生规律，防治必须抓住关键时期，进行综合防治。

(1)消灭越冬虫源　冬季结合果园管理，结合防治其他害虫，刮老树皮并集中烧毁，或用钢丝刷刷除越冬若虫，消灭越冬虫源。注意接穗来源，不让带虫接穗引入。已有虫的苗木要进行消毒灭虫后再进行栽植。

(2)保护天敌　利用黑缘红瓢虫、红点唇瓢虫、草蛉等，对柿绒蚧的发生进行控制。在天敌的发生期，尽量不用或少用农药，以免杀伤天敌。

(3)药剂防治　早春柿树发芽前喷1次5波美度石硫合剂(加入0.3%洗衣粉以增加展着力)，或5%的柴油乳剂，消灭越冬若虫。根据柿绒蚧发生规律及习性，在4月下旬至5月初柿树展叶后至开花前期，若虫出蛰活动后和卵孵化盛期，喷布扑杀磷、乐果或杀灭菊酯等药剂。以后根据每代虫情，及时喷药防治。

六、柿蒂虫

【分布与为害】 柿蒂虫 *Stathmopoda massinissa* Meyrick，属鳞翅目举肢蛾科。别名柿实蛾、柿举肢蛾、柿食心虫，俗称柿烘虫。分布于华北、华中等地，特别是河北、河南、山西和山东柿产区受害比较严重。

柿蒂虫以幼虫钻食果实为害，从果蒂钻入果实，将粪便排出蛀孔外，使受害果提前变红、脱落，群众称之为"柿烘"、"丹柿"或"黄脸柿"。受害严重者，造成绝产。

【形态特征】 雌成虫体长 7 mm 左右，翅展 15～17 mm，雄虫略小。头部黄褐色，有光泽，复眼红褐色，触角丝状。体紫褐色，胸前中央黄褐色，翅狭长，缘毛较长，后翅缘毛尤长，前翅近顶角有 1 条斜向外缘的黄色带状纹。足和腹部末端黄褐色，后足长，静止时向后上方伸举，胫节密生长毛丛。卵近椭圆形，乳白色，长约 0.5 mm，表面有细微纵纹，上部有白色短毛。幼虫体长 10 mm 左右，头部黄褐色，前胸盾和臀板暗褐色，胴部各节背面呈淡紫色，中后胸背有"×"形皱纹，中部有 1 横列毛瘤，各腹节背面有 1 横皱，毛瘤上各生 1 根白色细毛。胸足浅黄。蛹长约 7 mm，褐色。茧椭圆形，长 7.5 mm 左右，污白色(图 7-4)。

【发生规律】 柿蒂虫 1 年发生 2 代。以老熟幼虫在树皮裂缝里或树干基部附近土里结茧越冬。在河北、河南、山东及山西等产区，越冬幼虫于 4 月中下旬化蛹，5 月份为蛾、卵盛期。5 月下旬第一代幼虫开始为害幼果。6 月下旬至 7 月上旬幼虫老熟，一部分老熟幼虫在被害果内、一部分在树皮裂缝下结茧化蛹。第一代成虫在 7 月上旬至 7 月下旬羽化，盛期在 7 月中旬。第二代幼虫自 8 月上旬至柿子采收期陆续为害柿果。8 月下旬以后，幼虫陆续老熟越冬。

成虫白天多静伏在叶片背面或其他阴暗处，夜间活动、交尾、产卵。卵多产在果蒂与果梗的间隙处。每头雌蛾产卵10～40粒。卵期5～7天。第一代幼虫孵化后，多自果蒂与果梗相连处蛀入幼果内为害，粪便排于蛀孔外。1头幼虫能蛀食4～6个幼果。被害果由绿色变为灰褐色，最后干枯。由于幼虫吐丝缠绕果柄，故被害果不易脱落。第二代幼虫一般在柿蒂下蛀食果肉，被害果提前变红，变软，脱落。第二代幼虫多蛀食1～2个柿果，转果时，幼虫先在果蒂部咬出较大孔脱出，再转果为害。多雨高温的天气，幼虫转果为害较多，造成大量落果。

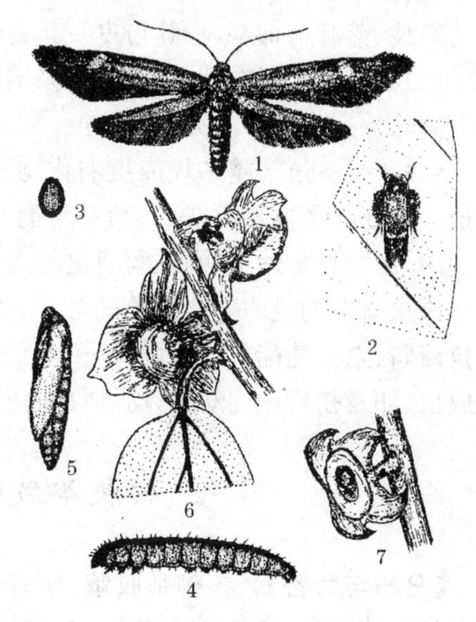

图7-4　柿蒂虫

1. 成虫　2. 成虫休止状　3. 卵
4. 幼虫　5. 蛹　6～7. 柿果被害状

【防治方法】　由于目前柿树分散，管理粗放，柿蒂虫的防治重点在“防”上。可根据柿蒂虫越冬虫茧分布及年发生2代的特点，根据虫情预测预报，采取人工、物理防治为主，化学防治为辅的综合防治措施。

(1)消灭越冬幼虫　幼虫脱果越冬前，在树干及主枝上束草诱集越冬幼虫，冬季或早春刮除树干上的粗皮和翘皮。刮皮前，在地面先铺上塑料薄膜，以接刮落的树皮。作业时，以刮至刚露新皮为准，将刮下的碎皮收集起来，同时将树上遗留的柿蒂摘掉，清扫地面的残枝、落叶与柿蒂，将其与皮一起集中烧毁，以消灭越冬幼虫。

(2)摘除虫果　在幼虫为害期，及时将被害果连同果柄、果蒂全部摘除，一起处理，消灭果内幼虫。

(3)药剂防治　越冬代成虫羽化初期，清除树冠下的杂草后，在地面每667平方米撒施4%敌马粉剂0.4～0.7 kg，10天后再施药1次，毒杀越冬幼虫、蛹及刚羽化的成虫。5月中旬及7月中旬两代成虫盛发期或卵孵化期喷药防治，可选药剂有乐果、敌百虫、马拉硫磷、杀灭菊酯等。每隔10～15天喷1次，共喷2～3次，毒杀成虫、卵及初孵化的幼虫，均可收到良好的防治效果。

七、核桃举肢蛾

【分布与为害】　核桃举肢蛾 *Atrijuglans hetaohei* Yang，属鳞翅目举肢蛾科，又名“核桃黑”。核桃举肢蛾是华北、西北、西南、中南等地区核桃产区的重要害虫。幼虫初蛀入核桃果内(总苞)时，孔外出现透明白色胶珠，后变为琥珀色，随着幼虫的生长，纵横穿食为害，在青果皮内蛀食多条隧道，充满虫粪，受害处青皮变黑，并开始凹陷，核桃仁(子叶)发育不良，表面干缩而黑，故称为“核桃黑”。被害后30天内，可在果中剥出幼虫，有时一果内有10几条幼虫存在。

【形态特征】

1. 成虫　雌蛾体长5～8 mm，翅展13 mm；雄蛾体长4～7 mm，翅展12 mm。体黑褐色，头部褐色，被银灰色大鳞片，下唇须内侧白色，外侧淡褐色；触角褐色，密被白毛。胸背黑褐色，中胸中部(小盾片)被白鳞毛。翅狭长，前翅黑褐色，端部1/3处有一个近似月牙形白斑，基部1/3处近后缘有一圆形小白斑，缘毛黑褐色，后翅褐色。体腹面银白色。足白色有褐斑,后足胫节中部和端部有黑色毛束,跗节1～3节,也被黑毛(图7-5)。

2. 卵　长0.3～0.4 mm,圆形。初产时乳白色。后渐变为淡黄色。黄色或淡红色,孵化前为红褐色。

3. 幼虫　初孵幼虫体长约1.5 mm,乳白色,头部黄褐色。老熟幼虫体长7.5～9 mm,淡黄白色,各节均有白色刚毛,头部暗褐色,腹足趾钩为单序环状,臀足趾钩为单序横带。

4. 蛹　长4～7 mm,纺锤形,黄褐色至深褐色。茧长7～10 mm,长椭圆形,褐色,常粘附细土粒及草末。

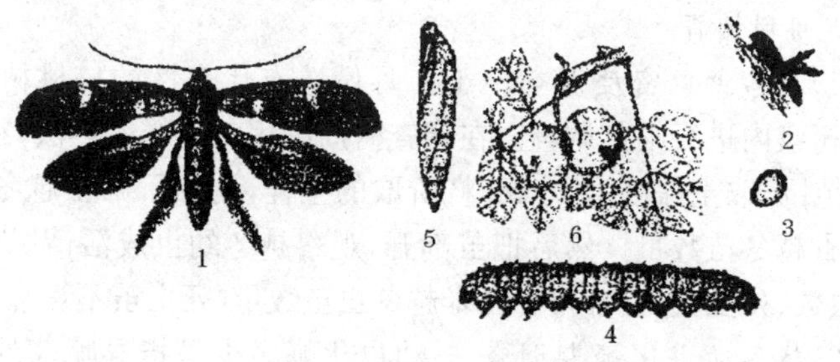

图7-5　核桃举肢蛾

1. 成虫　2. 成虫休止状　3. 卵
4. 幼虫　5. 蛹　6. 核桃被害状

【发生规律】　核桃举肢蛾在河北和山西1年发生1代,陕西1年发生1～2代,均以老熟幼虫在树冠下2～3cm深的土中、杂草、石块、枯叶间结茧越冬,少数可在树干基部树皮裂缝中越冬。5月中旬至6月中旬化蛹。6月上旬至7月上旬为成虫羽化盛期。羽化时间一般在下午,多在树冠下部叶背活动。成虫静止时,后足侧向上举,故名"举肢蛾"。成虫交尾后,多在晚上6～8时产卵。卵多产在两果相接的果面上,其次是产在果实的萼洼,也有产在果实梗洼附近或叶柄上的。每头雌蛾能产卵 35～40 粒，卵经 4～5 天孵化。幼虫在果内的为害期为 35～40 天。幼虫成熟后，脱果坠于地面，入土结茧越冬。

核桃举肢蛾的发生程度，与海拔、降水、坡向等环境因子有密切关系。一般情况下，低海拔（200 m 以下）不适宜发生，海拔 451～800 m 之间发生最重，深山区被害重，川边河谷地、浅山区受害轻；坡根、沟道等避风潮湿处的核桃树受害严重，山脊向阳干燥处的核桃树受害轻，盛果期树受害重，初果期树受害轻；5～6 月份干旱的年份发生较轻，成虫羽化期多雨潮湿的年份发生严重。

【预测预报】

1. 虫口调查

（1）越冬虫口密度调查　于 4 月份选有代表性的核桃树 10 株，在树盘内进行筛茧调查。在调查树周围用对角线取样法，在 1 m^2 的范围，取土深度为 3 cm，将所取的土样，用筛子筛出越冬虫茧，检查越冬茧数量。然后把茧剖开，观察越冬幼虫成活情况，调查活虫数、死虫数，计算每平方米越冬虫茧数量（死虫茧不算）。

（2）越冬幼虫化蛹期调查　幼虫化蛹多少是指导喷药的依据，所以必须抓住这一关键时期。从 5 月上旬开始，每隔 3 天在田间采用直接取茧法（方法同越冬虫口密度调查）调查 1 次。调查需固定在一片地块进行，每次调查的总虫数也不应该少于 100 个。检查化蛹及羽化情况，看各虫态变化进度，计算出化蛹率。

（3）田间查卵法　选历年被害较严重的地块，固定 10 株调查树，从 6 月上旬开始，每隔 3 天在固定的调查树上，按树冠的东、西、南、北四个方位，调查果实 200 个，检查卵果数及卵数，共调查果实 2 000 个，计算卵果率。

2. 发生预报

（1）发生程度的预报　根据当年越冬虫口密度，结合当年气象预报，可以初步估计发生为害程度。当每 1 m^2 有越冬虫茧 5 个以上,6 月份降水又比较多时,则当年发生会比较严重。防治孵化幼虫适期预报实践证明,化蛹盛期是喷药适期,此时正是成虫羽化初盛期,也是它产卵开始较多的时期,是防治适期。如果化蛹率在25%以上时,5 天后可发出喷药预报,一般在 6 月 20 日左右。

(2)成虫产卵预报　当田间卵果率达 2%时,即是树上喷药适期。

【防治方法】　要全面贯彻“预防为主,综合防治”的植保原则,做到对症下药,适时用药,轮换用药。每种化学农药每年最多使用 1 次,施药期距采收应在 30 天以上。根据核桃举肢蛾的生活习性,宜采用地下与树上防治相结合的方法。

1. 树下防治

(1)地面撒药　幼虫入土越冬期或成虫羽化前,在树冠下撒辛硫磷粉剂,每株用 250～500 g,撒药后随即中耕,使药混入土中,可延长药效。

(2)捡拾虫果　8 月份成虫羽化前,在树干周围地面检拾虫果,并摘除被害果,结合冬剪疏除枯枝、枯果,消灭当年幼虫,减少翌年虫口密度。

(3)深翻树盘　根据核桃举肢蛾的老熟幼虫主要集中在树干周围土层内越冬的特性,于晚秋或早春深翻树冠下的土壤,消灭部分越冬幼虫。耕翻树盘的范围为树冠投影大小,耕翻的深度要达 20 cm 以上。山坡上的核桃树树盘应刨成鱼鳞坑,在刨盘的同时,捡出土中的虫茧,集中消灭。也可在枝干绑缚秸草,诱杀越冬幼虫。

(4)林粮间作　在自然情况下 98%的成虫可羽化出土,但覆土 1 cm 时 95 %的不能出土,覆土 2～4 cm,成虫可全部死亡,所以林粮间作的农耕地比非农耕地虫茧可减少近一半,黑果率降低10 %～60 %。

2. 树上防治

(1)栽培措施　采取适时浇水、增施农家肥、搞好修剪、及时疏除雄花等措施，保证树势强健。入冬前，对树干涂白（生石灰10份加硫黄1份加水40份），保护树体，并防止害虫在树干上越冬。萌芽前喷施5波美度石硫合剂。

(2)生物防治　在果园大力推广生草耕作制度，保护和利用天敌，丰富果园内昆虫种群，利用天敌抑制害虫种群数量。从6月中旬成虫羽化时开始，一直到羽化结束，采用性诱剂（诱芯）制成诱捕器挂在树上，诱捕雄虫，可减少成虫交尾产卵。幼虫孵化盛期喷洒每毫升含2亿～4亿个白僵菌的菌液，或用毒虫菌、7216杀螟杆菌（每克含1 000亿孢子）1 000倍液，防治幼虫。

(3)摘除被害果　在7月中旬至8月上旬，在幼虫蛀果后、老熟幼虫脱果前，提前采摘被害果（黑果），消灭当年为害的幼虫，减少虫口密度。7月中下旬为落果盛期，及时收集落果，集中烧毁或深埋土中，消灭越冬虫源。

(4)药剂防治　在幼虫发生初期，6月上旬至7月中旬，每隔10～15天喷1次药。可选药剂有：西维因、杀螟松、氰虫腈、杀虫单、联苯菊酯和氯氰菊酯等，既可杀灭核桃举肢蛾幼虫，又可兼治黄刺蛾、绿刺蛾等害虫。

八、云斑天牛

【分布与为害】　云斑天牛 *Batocera horsfieldi* Hope，又名多斑白条天牛，属鞘翅目天牛科。云斑天牛为害核桃、板栗、枇杷、无花果、乌桕、柑橘、紫薇、羊蹄甲、泡桐、苦楝、青杠、红椿、梨、白蜡、榆等果树和林木，我国西北、华北、东北、华中、华南地区均有分布。幼虫在皮层及木质部钻蛀隧道，成虫为害新枝、树皮和嫩叶，造成树木生长势衰退，凡受害树大部枯死，是核桃树的毁灭性害虫。

【形态特征】

1. 成虫　体长57～97 mm，体灰黑色，密被灰色或灰褐色细绒毛；前胸背板中央有1对肾形白色毛斑，侧刺突大而尖锐；小盾片白色；鞘翅基部具瘤状颗粒，肩刺大而尖，翅面具白色绒毛组成的云片状斑纹，一般排成2～3纵行。

2. 卵　长椭圆形，稍弯，长8～9 mm，初为乳白色，后渐变为淡黄色。

3. 幼虫　末龄体长70～80 mm，乳白色至淡黄色，体粗肥多皱；头部和前胸背板褐色，前胸背板略呈方形，橙黄色，且有黑色点刻，左右两侧白色，有一半月牙形橙黄色斑块。后胸及腹部1～7节背面和腹面分别有“口”形骨化区。

4. 蛹　长40～70 mm，乳白色至淡黄色，裸蛹。

【发生规律】　云斑天牛一般2～3年发生1代，以成虫或幼虫在树干内越冬。翌年4月中下旬开始活动，幼虫老熟后便在隧道的一端化蛹，蛹期1个月左右。核桃雌花开放时咬成1～1.5 cm大的圆形羽化口外出，5月份为成虫羽化盛期。成虫在虫口附近短暂停留后，再上树取食枝皮及叶片，补充营养。多在夜间活动，白天喜栖息在树下及大枝上，有受惊落地的假死性，能多次交尾。5月份成虫开始产卵，产卵前将树皮咬一指头大的圆形或半月牙形破口刻槽，然后产卵其中。有卵的地方树皮变褐、隆起、纵裂，从外部看呈倒“丁”字形。极个别地方咬了刻槽并不产卵，无卵刻槽上部树皮无纵裂现象。通常每槽内产卵1粒，雌虫产卵量约40粒。一般产在离地面2 m以下、胸径10～20 cm的树干上，也有在粗皮上产卵的。6月份为产卵盛期。成虫寿命约9个月，卵期10～15天。初孵幼虫在皮层内为害，受害处变黑，树皮逐渐胀裂，流出褐色树液。20～30天后，幼虫逐渐蛀入木质部，不断向上取食。随虫龄增大，为害加剧，虫道弯曲，长达25 cm左右，不断向外排出虫粪，堆积在树干附近。第一年幼虫在蛀道内越冬，幼虫期长达12～14个月。翌年春季继续为害。8月份老熟幼虫在虫道顶端做椭圆形蛹室化蛹。9月中下旬成虫羽化，留在蛹室内越冬。

第三年核桃发枝时，成虫从羽化孔爬出，上树为害。

【防治方法】

1. 物理机械防治

(1)人工捕杀成虫　在 5～6 月份成虫发生期，进行人工捕杀。对树冠上的成虫，可利用其假死性振落后捕杀，也可在夜间利用其趋光性诱集捕杀。

(2)人工杀灭虫卵　在成虫产卵期或产卵后，检查树干，寻找产卵刻槽，用刀将被害处挖开，将虫卵消灭；也可用锤敲击，杀死卵和幼虫。

2. 农业防治

(1)加强栽培管理　加强抚育管理，增强树势，提高树木抗病虫能力。清除虫源树。于秋、冬季节或早春砍伐受害严重的林木，并及时处理树干内的越冬幼虫和成虫，消灭虫源。

(2)饵木诱杀　利用天牛等蛀干害虫喜欢在新伐倒树木上产卵繁殖的特性，于 6～7 月份繁殖期，在林内适当地点设置一些木段(如桑、杨、柳、梨、栎等木段)，供害虫大量产卵，待新一代幼虫全部孵化后，剥皮捕杀。

(3)营造混交林　研究表明，某些植物对某些特定害虫有驱避作用。樟树对云斑天牛、桑天牛等具有驱避作用。因此，可在林内混栽樟树，采取带状、块状、行间或株间混交方式栽植，能明显降低有虫株率，且操作简便，成本低廉，可避免药物防治带来的环境污染。

3. 生物防治

(1) 生物农药　白僵菌是一种虫生真菌，能寄生在很多昆虫体上，对防治天牛效果突出。可用微型喷粉器喷洒白僵菌纯孢粉，防治云斑天牛成虫，或向蛀孔注入白僵菌液，可防治多种天牛幼虫。25%灭幼脲 3 号悬浮剂，是无公害昆虫激素类农药，可在成虫发生期向树干喷洒 25%灭幼脲 500 倍液杀灭成虫。

(2)益鸟治虫　啄木鸟是蛀干害虫的重要天敌，可取食天牛科等数十种林木害虫。据研究,一头雏鸟一天要食 25 头天牛幼虫。因此,应加以保护,或在林内挂腐木鸟巢招引,便于防治天牛等蛀干害虫。

(3)保护和利用寄生性天敌　管氏肿腿蜂能寄生在天牛幼虫体内,应注意保护和利用。主要是尽可能少施或不施化学农药。

4. 药剂防治

(1)树干涂白　秋、冬季至成虫产卵前,用石灰 5 kg、硫黄粉 0.5 kg、食盐 0.25 kg、水 20L,充分混匀后涂于树干基部(2 m 以内),防止成虫产卵,做到有虫治虫,无虫防病。同时还可以起到防寒、防日灼的作用。

(2)虫孔注药　幼虫为害期(6～8 月份),用小型注射器从虫孔注入 80%敌敌畏液或 40%乐果乳油,或 2.5% 溴氰菊酯乳油 50～100 倍液 5～10 mL,也可浸药棉塞孔,然后用黏泥或塑料袋堵注虫孔。或从虫道插入"天牛净毒签",3～7 天后,幼虫致死率在 98%以上。其有效期长,使用安全、方便,节省投入。

(3)喷药防治　成虫发生期,对集中连片被其危害的林木,向树干喷洒敌百虫或菊酯类药剂,杀灭成虫。

九、栗瘿蜂

【分布与为害】　栗瘿蜂 *Dryocosmus kuriphilus* Yasumatsu,中文别名栗瘤蜂、板栗瘿蜂,属膜翅目瘿蜂科。我国各板栗产区几乎都有分布,发生严重的年份,栗树受害株率可达 100%,是影响板栗生产的主要害虫之一。栗瘿蜂以幼虫为害芽和叶片,形成各式各样的虫瘿。被害芽不能长出枝条,直接膨大形成的虫瘿称为枝瘿。虫瘿呈球形或不规则形,在虫瘿上有时长出畸形小叶。在叶片主脉上形成的虫瘿称为叶瘿,瘿形较扁平。虫瘿呈绿色或紫红色,到秋季变成枯黄色,每个虫瘿上留下一个或数个圆形出蜂孔。自然干枯的虫瘿在一两年内不脱落。栗树受害严重时,虫瘿比比皆是，很少长出新梢，不能结实，树势衰弱，枝条枯死。

【形态特征】

1. 成虫 体长2～3 mm，翅展4.5～5 mm。黑褐色，有金属光泽。头短而宽，触角丝状，基部两节黄褐色，其余为褐色。胸部膨大，漆黑色，有光泽。两对翅白色透明，翅面有细毛，前翅翅脉黑色，无翅痣。足黄褐色，有腿节距，跗节端部黑色。产卵管褐色。该虫仅有雌虫，无雄虫（图7-6）。

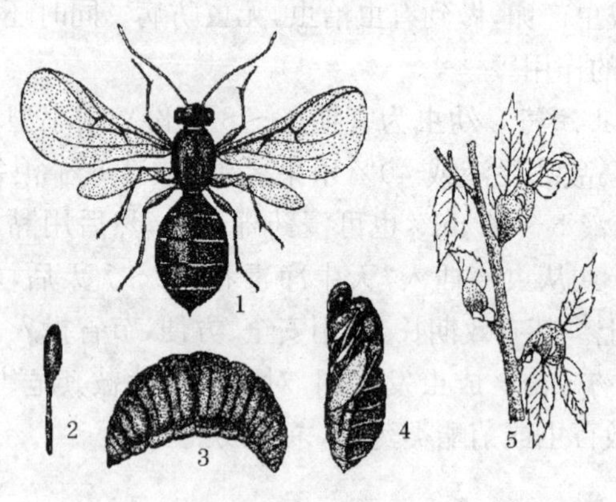

图7-6 栗瘿蜂

1. 成虫 2. 卵 3. 幼虫 4. 蛹 5. 栗树芽、叶被害状

2. 卵 椭圆形，乳白色，长0.1～0.2 mm。一端有细长柄，呈丝状，长约0.6 mm。

3. 幼虫 体长2.5～3 mm，乳白色。老熟幼虫黄白色。体肥胖，略弯曲。头部稍尖，口器淡褐色。末端较圆钝。胴部可见12节，无足。

4. 蛹 离蛹，体长2～3 mm，初期为乳白色，渐变为黑色。复眼红色，羽化前变为黑色。

【发生规律】 栗瘿蜂每年发生1代，以初孵幼虫在被害芽内越冬。翌年栗芽萌动时开始取食为害,被害芽不能长出枝条而逐渐膨大形成坚硬的木质化虫瘿。幼虫在虫瘿内做虫室,继续取食为害,老熟后即在虫室内化蛹。每个虫瘿内有1～5个虫室。在长城沿线板栗产区,越冬幼虫从4月中旬开始活动,并迅速生长,5月初形成虫瘿,5月下旬至6月上旬为蛹期。化蛹前有一个预蛹期,为2～7天,然后化蛹。蛹期15～21天。6月上旬至7月中旬为成虫羽化期。成虫羽化后在虫瘿内停留10天左右,在此期间完成卵巢发育,然后咬一个圆孔从虫瘿中钻出,成虫出瘿期在6月中旬至7月底。在长江流域板栗产区,上述各时期提前约10天。在云南昆明地区,越冬幼虫于1月下旬开始活动,3月底开始化蛹,5月上旬为化蛹盛期和成虫羽化始期,6月上旬为成虫羽化盛期。成虫白天活动,飞行力弱,晴朗无风天气可在树冠内飞行。成虫出瘿后即可产卵,营孤雌生殖。成虫产卵在栗芽上,喜欢在枝条顶端的饱满芽上产卵,一般从顶芽开始,向下可连续产卵5～6个芽。每个芽内产卵1～10粒,一般为2～3粒。成虫产卵于栗芽上半部,卵期15天左右。幼虫孵化后即在芽内为害,于9月中旬开始进入越冬状态。

栗瘿蜂的发生主要受寄生蜂的影响。栗瘿蜂的发生有一定的规律性,每次大发生都持续2～3年,此后便很少发生。这其中的原因主要是在栗瘿蜂大发生的当年,寄生蜂有了丰富的寄主而得以繁殖,翌年寄生蜂就形成了一定的种群,第三年就能基本上控制栗瘿蜂的为害。以后数年内,由于栗瘿蜂得到控制,寄生蜂因找不到合适的寄主,使其种群数量大减。

成虫期降水的多少和持续天数,对栗瘿蜂的发生也有明显的影响。降水使虫瘿含水量升高,成虫自蛹室咬孔外出时,常被水浸透,或被潮湿的碎屑裹身,死于羽化虫道或虫孔,已出瘿的成虫也常因翅被雨水浸湿而死亡。降水强度大,成虫死亡率高,当年新芽有卵率和翌年虫瘿发生数减少。

栗瘿蜂一般在向阳、地势低洼、避风郁闭的栗林发生为害较重。就单株而言，内膛枝和树冠下部枝条上发生较重。

【防治方法】 应采取以栽培和生物防治为主，化学防治为辅的综合防治策略。严格检疫制度，从没有发生过栗瘿蜂地区引进苗木和接穗，减少虫源，降低危害。

1. 农业防治

(1)做好冬季清园 结合冬季修剪，剪除树上的全部瘿瘤和内膛细弱枝，集中烧毁。选留树冠基部细弱枝，供栗瘿蜂产卵，以减轻对中上部枝梢的危害，同时，便于人工摘瘤。

(2)剪除虫枝和虫瘿 剪除虫瘿周围的无效枝，尤其是树冠中部的无效枝，能消灭其中的幼虫。在新虫瘿形成期，5 月上中旬及时剪除虫瘿，消灭其中幼虫。同时，加强田间管理，增强树势，促进新梢生长。

2. 物理防治 每年 6 月初至 9 月初，在栗园内架设频振式杀虫灯诱杀成虫，每 $2hm^2$ 栗园架设 1 盏，可诱杀一部分成虫，设灯区瘿瘤减退率达 40%以上。

3. 生物防治 保护利用天敌。由于越冬后寄生蜂成虫羽化期比栗瘿蜂早，因此可于早春大量采集瘿瘤，装在特别的纱网笼内，挂在栗瘿蜂为害特别严重的栗园中，待寄生蜂羽化飞出后再将纱笼烧毁，这对抑制栗瘿蜂的为害有明显的效果。寄生蜂的种类很多，其中包括中华长尾小蜂、葛氏长尾小蜂、玫瑰广肩小蜂、黄褐宽缘广肩小蜂、黑褐宽缘广肩小蜂、纵脊刻腹小蜂和栗瘿旋小蜂和栗瘿姬小蜂等。在辽宁、河北、北京和云南等板栗产区，以中华长尾小蜂为优势种。

4. 药剂防治 在栗瘿蜂成虫发生期，可喷布杀螟松、敌敌畏、毒死蜱或乐果等药剂。在春季幼虫开始活动时，用 40%乐果乳油 2～5 倍液涂树干，每树用药 20 ml，涂药后包扎。利用药剂的内吸作用，杀死栗瘿蜂幼虫。面积大的栗园，也可用敌敌畏烟剂熏杀。

附　录

Ⅰ　苹果病虫害综合防治历

一、休眠期(3～4 月)

1. 防治对象及发生特点

1. 枝干病害(腐烂病、轮纹病):病菌在粗翘皮、皮下干斑、伤口等死组织上存活。

2. 尺蠖:2 月下旬至 3 月上旬成虫羽化,雌虫上树产卵。

3. 草履蚧:2 月下旬至 3 月上旬卵孵化,若虫上树为害。

(二)防治方法

1. 喷铲除性药剂:①3～5 波美度石硫合剂液加 45%施纳宁 200～400 倍液;②果园清 300 倍液+1.5%清园菌立灭(噻霉酮)600～800 倍液。

2. 刮除病斑,涂抹 1.5%菌立灭膏剂或者 45%施纳宁 50～100 倍液灭菌。

3. 历年白粉病发生的果园,用 25%苯醚甲环唑微乳剂 5 000 倍液喷雾。

4. 个别果园小叶病严重的,此时可喷硫酸锌 20 倍液。

5. 可在树干中下部绑塑料裙,防止尺蠖、草履蚧上树为害。

(三)其他措施

春季施肥:以氮肥为主,进行沟施或穴施。

二、发芽至开花期(4～5月份)

(一)防治对象及发生特点

1. 花芽露红期:绵蚜越冬若虫开始出蛰;瘤蚜越冬卵孵化。

2. 霉心病:元帅系苹果品种发病重,病菌在花期通过萼筒至心室间的开口侵入果心。

(二)防治方法

1. 花芽露红期:防治绵蚜、瘤蚜用48%毒死蜱乳油1 000倍液、48%锐煞乳油1 200倍液或40%丙溴磷乳油1 000倍液。

2. 防治霉心病:开花30%,落花80%时,各喷一次80%大生M-45可湿性粉剂600～800倍液或25%苯醚甲环唑微乳剂6 000倍液或3%多抗霉素可湿性粉剂800倍液。

(三)其他措施

1. 花前复剪:疏除背上芽、剪口芽、锯口芽及多余的花芽。

2. 花期喷硼:促进花粉萌发,提高坐果率。可选用硼砂、硼酸,市场上现使用最好的是金硼宝微乳剂6 000倍液,对花期安全,不伤害花朵。

3. 开花前7～10天,喷PBO 150～200倍液,控制枝条旺长,提高坐果率。

三、落花后至套袋前(5月至6月上旬)

(一)防治对象及发生特点

1. 炭疽病:病菌在病果、僵果、果台枝条上越冬,主要造成烂果,在果面上形成近圆形病斑,病斑上有排成轮纹状的小黑点。在潮湿情况下,小黑点上冒出粉红色黏液。

2. 果实轮纹病:病菌主要在枝干上的死组织上存活。病菌不仅侵染枝干，还危害果实。主要在果面形成深浅交错的轮纹状病斑。雨水多的年份发病较重。

3. 褐斑病：主要危害叶片，在叶片上形成褐色的病斑，导致早期落叶。该病的病原菌主要在落叶中越冬。

4. 斑点落叶病：该病1年有2个发病期：一是春梢期，另一个是秋梢期。该病的病原菌在落叶、枝干上越冬。在叶片上发生的特点是，形成红褐色的圆形病斑，病斑周围有黄色晕圈。

5. 红、白蜘蛛：山楂叶螨以受精雌成螨在粗翘皮下越冬。苹果落花后7～10天，为山楂红蜘蛛产卵盛期。此时用药剂杀死螨卵防效优异；6月上旬白蜘蛛上树为害。

6. 食心虫：桃小食心虫，以幼虫在树基土层中越冬。6月上旬遇雨出土活动后，再入土化蛹。此时地面施药，杀死出土幼虫，为全年防治的第一关键期。

7. 苹小卷叶蛾：以初龄幼虫在剪口、锯口、树皮缝隙处做白色薄茧越冬。幼虫为害叶片，吐丝缀合，常造成2～3张叶片粘连，掰开后可见有白色丝状物。

8. 蚜虫：成、若螨均刺吸汁液为害。此时，蚜虫世代重叠严重，主要以绵蚜为主，常在新梢上分泌绵絮状物，拨开其分泌物会看到红色蚜虫。

9. 盲椿象：以成、若虫刺吸幼叶、幼果汁液，常造成幼果果顶形成凹陷的青疔状。

（二）防治方法

1. 针对5～6月份的发病情况，主要防治轮纹病、炭疽病、褐斑病、斑点落叶病，用80%代森猛锌可湿性粉剂600～800倍液、25%苯醚甲环唑微乳剂6 000～8 000倍液喷雾。

2. 5月上旬至6月上旬为叶螨类的发生盛期。5月上旬主要消灭螨卵，可用50%四螨嗪悬浮剂5 000倍液，后期可用6%阿维菌素·噻螨酮可溶性液剂2 000倍液喷雾，成、若螨及螨卵都可防治。

3. 此时期对于鳞翅目害虫(食心虫类、卷叶蛾类)喷用48.8%毒死蜱微乳剂1 500倍液加25%灭幼脲悬浮剂1 200倍液,同时也兼治蚜虫和盲椿象。

(三)其他措施

1. 果树幼果期,遇到低温天气,要慎用激素类药剂。

2. 套袋时间最好选在6月上旬。套袋不宜过早,否则摘袋时,果皮过于幼嫩,容易形成果皮皱缩。

3. 补充中量元素:落花后一个半月内补充钙元素是最佳时期,吸收率占全年吸收率的92%以上。喷用高钙宝1 500倍液或钙尔美2 000倍液。

4. 控制旺长:在落花后1个月喷施PBO可湿性粉剂250倍液,1个月后再喷一次。

5. 追肥:果实膨大期以磷、钾肥为主,冲施最好。

四、套袋后至采收前(6月中旬至10月份)

(一)防治对象及发生特点

1. 叶部病害:褐斑病、斑点落叶病;

2. 虫害:卷叶蛾、螨类,这一时期继续为害。

(二)防治方法

1. 套袋后的果园主要是保叶。叶面喷80%多菌灵可湿性粉剂1 200倍液或70%代森锰锌800倍液,每隔20天喷一次。

2. 虫害防治:见虫打药。

3. 5~7月份,主干及主枝上涂刷45%代森铵水剂50~100倍液,或1.5%菌立灭水剂200~300倍液1~2次,铲除枝干病菌,控制枝干病害。

4. 刮除腐烂病斑,涂抹1.5%菌立灭膏剂原液或45%施纳宁水剂50~100倍液。

5. 苹果上的介壳虫主要是球坚蚧，抓住两个防治关键时期，即3月上旬、5月中下旬各喷一次药。

(三)其他措施

1. 秋施肥(9月份至10月上旬)：增施农家腐熟肥，混土沟施。

2. 壮树关键措施：主干涂刷氨基酸，涂抹宝原液。

五、采收后至休眠期(11月份至翌年2月份)

1. 果园卫生：清除果园内病枝、僵果和落叶，集中处理或烧毁；

2. 喷清园药：45%施纳宁水剂200～400倍液或1.5%清园型菌立灭水剂600～800倍液；

3. 冬剪：整理树形，为翌年结果做准备。

Ⅱ　梨树病虫害综合防治历

一、休眠期至发芽(3月至4月上旬)

(一)防治对象及发生特点

1. 枝干病害(腐烂病、轮纹病)：病菌在粗翘皮、皮下干斑、伤口等死组织上存活。

2. 尺蠖：2月底至3月初，成虫羽化，雌虫上树产卵。

3. 草履蚧：2月底至3月初卵孵化，若虫上树为害。

4. 梨木虱：以成虫在树皮缝、落叶下越冬，2月底至3月初开始出蛰，交尾后在枝条上产卵。

5. 梨黄粉虫：以卵在树皮缝、翘皮下越冬，4月上旬越冬卵孵化，开始为害。

(二)防治措施

1. 喷铲除性药剂:①3～5 波美度石硫合剂液加 45%代森铵 200～400 倍液;②果园清 300 倍液加 1.5%清园菌立灭 600～800 倍液。

2. 刮除病斑:涂抹 1.5%菌立灭膏剂或 45%代森铵 50～100 倍液灭菌。

3. 2 月底至 3 月初,梨木虱成虫出蛰产卵。在晴朗无风天喷 4.5%高效氯氰菊酯 2 000 倍液。

4. 2 月下旬至 3 月上旬,在主干中下部绑塑料裙,防止尺蠖、草履蚧上树为害。

5. 开花前 7～10 天,4 月初用 PBO 150～250 倍液喷雾,提高坐果率。

6. 往年黑星病发生严重的果园,喷用 25%苯醚甲环唑微乳剂 5 000倍液。

7. 历年有锈病发生的果园,此时用 25%苯醚甲环唑微乳剂 5 000倍液喷雾杀菌。

(三)其他措施

1. 春季施肥:以氮肥为主,进行沟施或穴施。

2. 花前复剪:疏除多余花芽和花序,剪除背上芽、剪口芽和锯口芽。

3. 开花前 7～10 天喷 PBO 150～200 倍液,控制枝条旺长,提高坐果率。

二、落花后至套袋前(4 月中旬至 6 月上旬)

(一)防治对象及发生特点

1. 梨木虱:梨落花 70%～80%(4 月中下旬)时,梨木虱卵孵化率达 90%左右,此时梨木虱若虫分泌黏液较少,是防治的关键时期;5 月上旬为一代成虫期,此时虫态比较单一,是当年防治梨木虱效果较好的最后一个关键期。

2. 梨黄粉虫:学名为梨黄粉蚜。套袋后若虫开始入袋为害;不套袋梨 6 月上旬开始上果为害。

3. 椿象:梨网蝽、黄斑椿象等蝽类为害,造成梨果畸形;盲椿象主要为害嫩叶、幼果,导致套袋果萼端产生黑点。

4. 康氏粉蚧:以卵在树干、枝条的粗皮缝隙、石缝、土块中越冬,翌年梨树发芽后,食害梨树的幼嫩部分;5 月中下旬为第一代若虫发生盛期,也是喷药防治适期。

5. 螨类:落花后 10～15 天,注意防治山楂叶螨(红蜘蛛)。此时为其产卵盛期,用药剂杀螨卵防效优异。6 月上旬二斑叶螨(白蜘蛛)上树为害。

(二)防治措施

1. 从 4 月下旬开始,主要防治梨木虱和黄粉虫。对梨木虱的有效药剂:5%阿维菌素 8 000 倍液、2.4%阿维菌素・高氯 4 000 倍液。对梨木虱和黄粉虫同时都有效的药剂为:30%啶虫脒 6 000～8 000 倍液、35%吡虫啉 5 000 倍液。

2. 喷施对椿象和介壳虫都有效的有以下药剂:48%毒死蜱乳油 1 000～1 500 倍液、52.25%毒・氯乳油 1500～2 000 倍液。

3. 5 月上旬至 6 月上旬,为叶螨类的发生盛期。5 月上旬主要杀灭螨卵,可用 50%四螨嗪悬浮剂 5 000 倍液,后期可用 6%阿维菌素・噻螨酮可溶性液剂 2 000 倍液喷雾,成、若螨及螨卵都可防治。

4. 刮除腐烂病斑,涂抹 1.5%菌立灭膏剂原液、45%丙环唑 3 000倍液或 45%施纳宁水剂 50～100 倍液。

(三)其他措施

1. 补充中量元素:落花后 45 天内补充钙元素是最佳时期,吸收率占全年吸收率的 90%以上。可喷用高钙宝 1 500 倍液或钙尔美 2 000 倍液。

2. 控制旺长：在落花后 1 个月喷施 PBO 可湿性粉剂 250 倍液，1 个月后再喷一次。

3. 果实幼果期：果实比较敏感，尤其是水晶、黄冠梨个别品种，禁用乳油型药剂和含有激素类的药剂。

三、果实膨大期(6 月中旬至 9 月中旬)

(一)防治对象及发生特点

1. 梨木虱继续为害，世代重叠严重，第二代成虫发生期在 6 月上旬至 7 月中旬，第三代在 7 月上旬至 8 月下旬，第四代在 8 月上旬开始发生，9 月中下旬出现第五代成虫。

2. 康氏粉蚧：此时期为第二、三代若虫为害盛期，分别发生在 7月中下旬和 8 月下旬。

3. 梨小食心虫：以幼虫在树皮缝、粗翘皮下越冬。一年发生 4 代，1～2 代为害桃梢，3～4 代蛀食梨果，第三代发生在 7 月下旬至 8 月中旬，第四代发生在 8 月下旬至 9 月中旬。

4. 螨类：2 代以后世代重叠，同期内各虫期都有，遇高温干旱年份，7～8 月份会出现全年高峰期。

5. 黑星病：鸭梨和雪梨品种发生较重，日韩梨品种几乎不发生。该病菌在病芽鳞片中、落叶中越冬。在落叶上越冬的病菌，开花前后子囊孢子发育成熟，随风雨传播到叶片和果实上，进行初侵染；在病芽中越冬的病菌，4 月下旬至 5 月上中旬形成病梢，产生分生孢子进行初侵染。叶片受害，主要出现在叶片背面，沿叶脉处长出星状放射的墨绿色至黑色霉状物。

6. 黑斑病：日韩梨品种发生较重。病菌在病梢、芽及落叶、僵果中越冬。该病主要危害果实和叶片，在叶片上形成近圆形或不规则的病斑，中心为灰白色，边缘黑褐色。

7. 轮纹病:病菌在枝干上的死组织上存活。病菌不仅侵染枝干,还危害果实。在果面上形成深浅交错的近圆形病斑。

8. 锈病:梨锈病菌为转主寄生菌,病菌以多年生菌丝体在桧柏、欧洲刺柏及龙柏等转主寄主病组织中越冬,翌年春季冬孢子角遇雨吸水膨胀,产生担孢子,随风雨传播到梨树的嫩叶、新梢及幼果上,进行侵染。叶片受害,正面形成中央黄色、边缘有黄晕圈的圆形病斑,后期背面隆起,并长出几根至几十根淡黄色的细管状物,俗称"羊胡子"。

(二)防治措施

1. 6～7 月份,继续在主干及主枝上涂刷 45%代森铵水剂 50～100 倍液,或 1.5%菌立灭水剂 200～300 倍液 1～2 次,铲除枝干病菌,控制枝干病害。

2. 对梨小食心虫可喷用 48%毒死蜱乳油 1 500 倍液、48.8%毒死蜱微乳剂 1 500 倍液,25%灭幼脲悬浮剂 1 200 倍液、5%甲维盐微乳剂 8 000 倍液。防治主要针对蛀果的 3～4 代幼虫。从 7 月上旬开始,10 天左右喷一次药,直到采收。

3. 对于没有抓住防治梨木虱的两次关键期的果园,只有见虫喷药,特效药剂为:2.4%阿维菌素·高氯 4 000 倍液,每隔 7～10 天喷一次。

4. 从进入 6 月份开始,主要防治黑斑病、黑星病、轮纹病等病害,有效药剂为 80%大生 M-45 可湿性粉剂 600～800 倍液、25%苯醚甲环唑微乳剂 6 000～8 000 倍液、40%氟硅唑 8 000～10 000 倍液、12.5%腈菌唑 3 000 倍液;其中对黑斑病的特效药剂是 3%多抗霉素 800 倍液。

5. 套袋后的果园主要是保叶。对叶面喷 80%多菌灵可湿性粉剂 1 200 倍液或 70%代森锰锌 800 倍液,每隔 20 天喷一次。

(三)其他措施

1. 秋施肥(9 月至 10 月上旬):增施农家腐熟肥,混土沟施。

2. 壮树关键措施:对主干涂刷氨基酸,涂抹宝原液。

四、采收后至休眠期(11 月至翌年 2 月份)

1. 搞好果园卫生:清除果园内病枝、僵果和落叶,集中处理或烧毁。

2. 喷施清园药:45%代森铵水剂 200~400 倍液,或 1.5%清园型噻霉酮水剂 600~800 倍液。

3. 进行冬剪:整理树形,为翌年结果做准备。